第一本扣合中小學自然課綱的地震百科！

地震 100問

潘昌志
震識：那些你想知道的震事
部落格共同創辦人 ——文

陳彥伶 ——圖

破解一百個不可思議的
地・科・祕・密

馬國鳳 地震學家 ——總監修

作者序

 ## 第一本融合臺灣觀點
與防災教育的地震百科

地震是臺灣影響最深遠的天然災害；地震議題也是許多民眾相當關心，卻也相對「沒那麼了解」的領域。雖然，基於人類趨吉避凶的本能，每個人都想知道「臺灣哪一條斷層最危險？」「我家的房子會不會面臨土壤液化危機？」「下一次的大地震又會在哪裡發生？」可是，地震知識的門檻一點也不低，例如，想看懂「土壤液化潛勢圖」，得先認識「土壤液化」是什麼，以及它與地震究竟有什麼關係……如果沒有正確理解，很容易受到許多斷簡殘編的偽科學或假消息所影響。

為了從頭開始，一點一滴幫助大家累積地震知識。「震識：那些你想知道的震事」部落格與社群專頁，在 2017 年誕生，至今仍持續在網路上分享地震科普、解惑各種地震知識與迷思。雖說這個部落格聚集了國內首屈一指的地科與地震領域專家學者，又有眾多科普作家的參與，照理說可以得心應手的兼具專業與普及，但實際上——「要把事情說得簡單，一點都不簡單」。我們也才在科普路上慢慢學習，隨著與網友們的互動、來自各界的支持，並透過不同類型文章鼓勵討論，試圖從社群回饋中得到大家的喜好興趣，以創造更多關於地震的話題，才逐漸凝聚了許多忠實讀者。

讓孩子也能懂的科普傳播一點都不簡單

然而在經營部落格的過程中，我們也發現由於中小學的課堂時間有限，學生又有升學壓力，體制內的教育，僅能將部分最重要的地震知識列入課本。可是，在面對真實的地震災害風險議題，需要更深入的瞭解、更多的反思，但離開課本，市面上針對中小學生撰寫的地球科學與地震科普書籍，不僅屈指可數，還多為國外譯作。

正好，親子天下童書與天氣風險公司彭啟明博士合作，出版了《天氣100問》一書，獲得極高的迴響，在彭博士的穿針引線下，讓我們認識親子天下童書知識線的編輯團隊，雙方都很希望能為臺灣的孩子編著一本「融合本土與國際觀點的地震百科書」，理念一拍即合，自此展開近兩年的著書編輯工作。

不過，寫慣研究論文和成人科普文章的我們，跨足童書領域後才發現，原來這是另一個難度完全不同的專業，光要找出「孩子有興趣又能梳理出學習脈絡」的一百個問題，就花了很長的時間。著書過程中，我們大量利用新聞時事，以及各種環環相扣的問題，並與身邊家中有國中、國小學童的親朋好友訪談，以確認書中的問題既不難、又有趣，如同進行田野調查與研究一般。這個過程又再次驗證：科普真的不簡單！

在親子天下童書編輯團隊副總監林欣靜、副主編戴淳雅，以及繪者陳彥伶的協力下，這本國內獨一無二的「臺灣本位地震百科」，一點一滴的逐步完成，校稿看到成書雛形時相當感動，因為若沒有經過編輯與童書繪畫專業的協助，我們也不可能將深奧的地震知識，簡化普及到小學生也能理解的層級。而且，在大家的腦力激盪下，書中有各式各樣有趣的圖解與圖表，還設計了可讀性很高的「地科小故事」、「地科小知識」專欄，甚至還有可以讓大家試著「重建地科現象」的「地科小實驗」，也讓內容更加活潑，更親近孩子。

用知識增進素養，正視地震風險

就過去傳播地震知識的經驗，我們也發現，真正在乎地震的威脅與風險的，有許多是年長的大朋友們，但過去的地科教材比起現在還更少，所以本書中提到的許多問答，也適合親子共讀，一起認識各種關於地科的知識。

最後，值得一提的是，2019 年開始啟動的「十二年國民基本教育課程綱要」中，特別重視「素養」的表現，而地震科學的素養，不僅僅在於了解知識層面，更需親力親為，才能在急難來臨時做好最適切的應對。本書中最後一章「地震來了怎麼辦」所提到的防災準備，有不少是需要經過理解、思考後，和家人共同討論決定的。除了希望大家可以正視地震風險，也希望能融合課程綱要中「自發、互動、共好」的理念。期許這本地震百科，能帶給孩子們重要的課外知識，也能成為培養新一代公民素養的最佳讀物。

馬國鳳
臺灣地震科學中心首席科學家、中央研究院地球科學研究所特聘研究員、中央大學地球科學系教授暨地震災害鏈風險評估及管理研究中心主任

潘昌志（阿樹老師）
科普作家、「震識：那些你想知道的震事」部落格共同創辦人暨副總編輯

目錄

藏在地球的祕密　Q1 ●●● Q18 ●●●●●●●●●●

藏在火山的祕密　Q19 ●●● Q30 ●●●●●●●●●

可怕的地震與海嘯　　Q31 ⋯ Q63 ⋯⋯⋯

臺灣地震有夠多

Q64 ···· **Q76** ··········

地震測報怎麼做？

Q77 ···· **Q86** ··········

地震來了怎麼辦？ **Q87** •••• **Q100** ••••••••

怎麼使用這本書？

這本書會解答所有你想知道的地震疑問，還會告訴你有趣的地科典故及小常識，並設計簡單又生活化的「地科小實驗」，讓你從實作中體驗地球科學的奧祕。

科學的六大主題

由淺入深，涵括地球科學中最有趣也最重要的六大主題。

 藏在地球的祕密

 藏在火山的祕密

 可怕的地震與海嘯

 臺灣地震有夠多

 地震測報怎麼做？

 地震來了怎麼辦？

實驗時的注意事項

 地科小實驗

① 有時候可能無法做一次就成功，別放棄，多試幾次就會成功。

② 使用到剪刀、刀片、熱水及電力的實驗，操作時一定要有大人陪同，避免危險。

1 Q＋數字＋問題
這一頁想跟孩子一起探討的地科現象。

2 A
簡單扼要的解答。

3 解答的說明
更清楚的說明解答，同時也告訴你更多相關的地科知識。

4 圖解、圖表與照片
以圖解化的資訊，輔助說明地科現象的成因與影響。

5 地科小實驗
與這一系列地科問題相關的地科實驗，透過容易取得的器材和簡單的實驗步驟，帶領你自行模擬類似的地科現象。

我們會帶領大家一起去探索各種有趣的地球祕密喔！

小震　　光哥　　娣娣

Q13 為什麼地球上的陸地會移動呢？

A 因為整個地球表面，是由一塊塊會活動的板塊拼接而成的。

地球表層是薄而堅硬的「岩石圈」，是由多塊「板塊」拼接而成的。板塊則是由**地殼**和上部地函所組成，會隨著漫長的時間不斷變動，稱為「**板塊運動**」。

板塊較厚的地方會浮出海面，即為陸地。板塊的下方則是「**軟流圈**」，這裡的物質較軟，具流動性。而板塊就漂浮在軟流圈上，朝不同的方向運動。

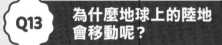

大陸地殼　海洋地殼
板塊　上部地函
軟流圈

由於板塊會不停運動，才會促成各大陸相互分離或是合併成一大塊，目前全球大致可分成**七大板塊**。

北美洲板塊
太平洋板塊
歐亞板塊
太平洋板塊
非洲板塊
南美洲板塊
印度－澳洲板塊
南極洲板塊

這是全球板塊分布圖。較大的板塊有太平洋板塊、歐亞板塊、非洲板塊、印度－澳洲板塊、北美洲板塊、南美洲板塊和南極洲板塊。

Q14 為什麼地球上的板塊會「運動」呢？

A 因為地球內部非常熱，會持續產生「熱對流」，推動板塊往不同方向「運動」。

用爐火加熱鍋子裡的水，變熱的水會往上升，而冷的水則會向下沉，這種現象就叫做「**熱對流**」。

沒想到燒開水就能看到熱對流呢！

地球內部的溫度很高，就像在燒開水的火一樣，會在地函處產生熱對流，形成推動板塊的力量，所以板塊才會持續不斷的「運動」。

岩漿上升處

軟流圈
板塊
海溝　海溝

地科小實驗 燒杯裡的板塊運動

● 準備器材：燒杯、酒精燈、水、數塊豆皮
● 實驗步驟：將燒杯裝水，再放數塊豆皮進去，接著用酒精燈加熱水，之後就能觀察到浮在水面上的豆皮，受熱對流的影響而往四周散開。

熱對流

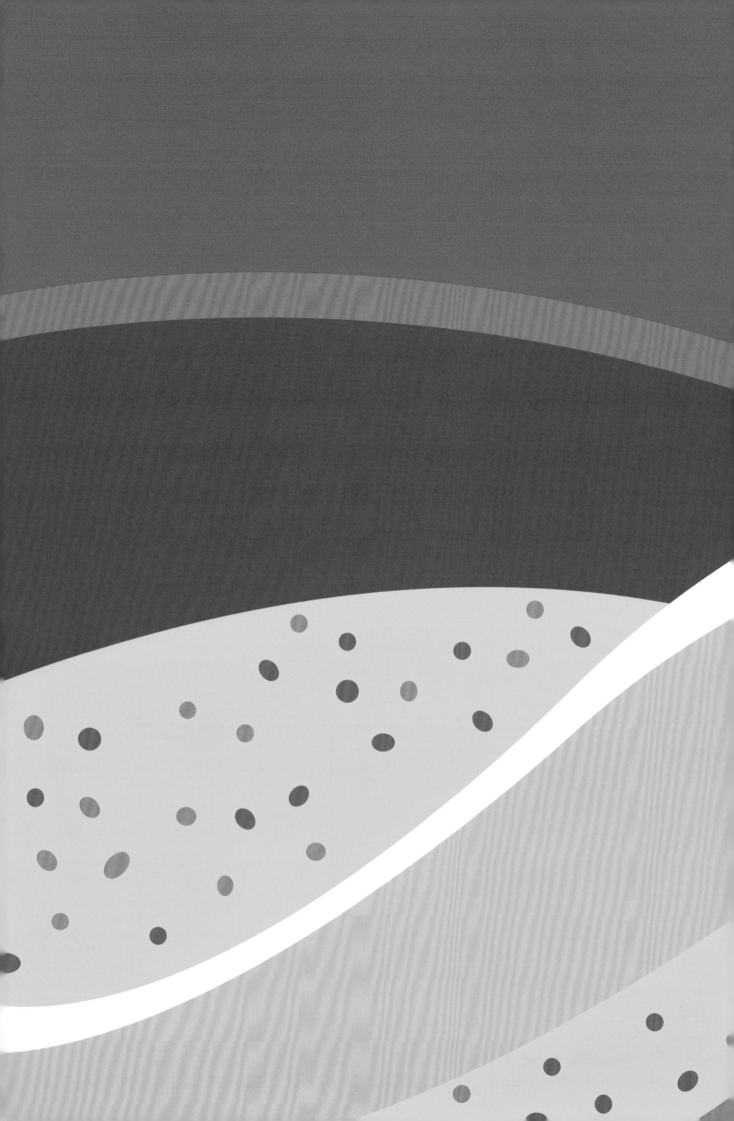

地震100問
藏在地球的祕密
Q1 → Q18

我們居住的地球，是浩瀚宇宙中的珍貴存在，
這裡有廣闊無垠的海洋、複雜多變的地貌，
地底下除了蘊含豐富的資源，
更時時刻刻都在進行著超乎想像的活躍運動，
究竟地球還藏著哪些我們所不知道的祕密呢？

我們現在住的地球是怎麼形成的呢？

A 目前科學家一般認為地球是跟著太陽系的其他行星一起誕生的。

 距今大約 **46億年前**，宇宙中有一大片巨大的雲團，裡面遍布著氣體和塵埃。這些氣體和塵埃會不斷的聚集、旋轉在一起，中心溫度也越來越高，首先形成會發光發熱的「恆星」——太陽。

1 太陽形成後，吸引大量的塵埃和氣體聚集過來。

2 這些塵埃和氣體就像畫同心圓般，一邊聚集、一邊繞著太陽旋轉。

3 逐漸形成好幾圈的圓環。

4 每一圈的圓環後來就漸漸形成一顆行星。

5 最後形成太陽系，總計有八大行星，距離太陽由近到遠，依序是水星、金星、地球、火星、木星、土星、天王星和海王星。

Q2 地球現在到底幾歲了呢？

A 比太陽年輕一些，大約 45.4 億歲。

 太陽系的行星是在太陽出現之後才緊接著形成的，目前科學家推測太陽約為 **46 億歲**；地球和其他行星則約是 **45.4 億歲**。

看到新恆星囉！以前太陽應該也是這樣形成的。

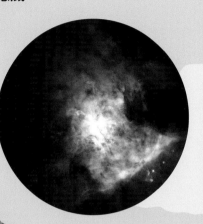

科學家會藉由觀測其他恆星，來推測太陽系的形成原因與時間。圖為哈伯太空望遠鏡所觀測到的新恆星。

這是由加拿大西北領地產出的阿卡斯塔（Acasta）片麻岩，年齡大約 40 億歲。

放射線

科學家也會藉由放射線儀器量測地球上比較古老的石頭，分析地球形成的時間。但因地球形成之初曾有劇烈的變動，已經找不到地球最早期的石頭。

由於太陽系中其他成員的形成時間可能差異不大，科學家還可藉由量測從太空中帶回的**彗星**或**小行星塵埃**，以及掉到地球上的**外太空隕石**，得知地球的年齡。

美國太空總署發射的無人太空船「星塵號」（Stardust），曾在 2004 年成功完成人類首次的彗星塵埃採樣任務，對研究太陽系的形成很有幫助。資料來源：NASA

Q3 為什麼地球是圓的呢？

A 因為地球受萬有引力影響並自轉，才會逐漸形成圓球形。

地球將形成時，周圍的塵埃會不斷的旋轉，並受到萬有引力的影響而向中心聚集。由於**球形**是物體在旋轉過程中**最穩定的形狀**，所以地球也在這個聚集、旋轉的過程中逐漸形成球形。

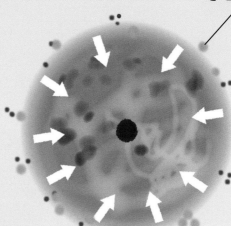

宇宙塵埃

萬有引力

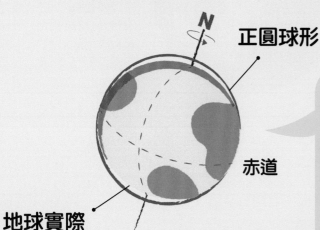

正圓球形

赤道

地球實際的形狀

但在地球自轉的過程中，內部也會產生向外推的力，稱為「**離心力**」，其中又以接近赤道處的離心力最大。所以地球實際上是略顯扁平的**橢圓球形**，由赤道繞一圈的距離大約是4萬零76公里，但從南北極繞一圈只有4萬零9公里。

地科小實驗 感受離心力

- 準備器材：一顆網球、一條繩子
- 實驗步驟：

向心力

離心力

❶ 先將網球用繩子綁牢，並抓著繩子的另一端，在空曠處旋轉球。

❷ 當球轉動得越快，手就得更費力才能拉住繩子，手拉繩的力稱為「向心力」。

❸ 這時若突然放開繩子，球會向外甩出去，這股向外飛的力就叫「離心力」。

Q4 其他星球也都是圓的嗎？

 A 由於宇宙中多數星體的形成方式很相似，所以大部分都呈現圓球形。

以太陽系的八大行星為例，**水星、金星、地球、火星**，是具有岩石、陸地構造的「**類地行星**」；而**木星、土星、天王星、海王星**，則是主要由氣體組成的「**類木行星**」。雖然組成不同，但它們的形狀都是圓球形的。

水星　金星　地球

火星　木星　土星

天王星　海王星

 **地科小故事** **古人怎麼知道地球是圓的？**

西元前六世紀，古希臘數學家畢達哥拉斯觀察遠方的船發現，當船駛近時會先出現船桅才出現船身，所以他認為地球一定是圓的而不是平的！這是人類歷史上首次出現的「地圓說」。

 啊哈！可以證明地球是圓的了！

如果地球是平的
駛近的整艘船會同時出現。

如果地球是圓的
船桅會先出現後再出現船身。

A 地球的內部構造是一層一層的，從外而內依序是地殼、地函和地核。

 地球剛成形時，就像一顆熾熱熔融的岩漿球，之後比較重的物質慢慢沉到地心；比較輕的物質則浮到地表。等到後來地球漸漸冷卻時，才由外而內依序形成**地殼**、**地函**和**地核**等三大部分。

早期地球

→ 較輕的物質

→ 較重的物質

現代地球

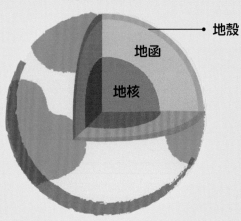

→ 地殼

地函

地核

岩石圈＝地殼＋上部地函堅硬部分

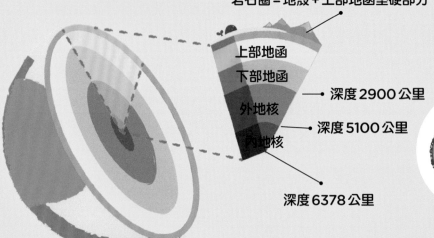

上部地函

下部地函

外地核

內地核

→ 深度 2900 公里

→ 深度 5100 公里

深度 6378 公里

 地球切開的樣子，很像是好吃的榛果巧克力耶！

地殼和地函主要是由岩石所組成，地函則多了些較重的**鐵**、**鎂礦物**。至於地球最內部的地核，則是由最重的鐵和鎳礦所組成，並可分成液態外地核，以及非常堅硬的**固態內地核**。

Q6 如果我們一直往地下挖，可以到達地球另一端嗎？

A 目前的鑽探科技只能挖到地底下數公里深，無法穿越地心到達地球另一端。

 地球的直徑長達1萬2742公里，而從地表往下挖，隨著深度越深，溫度會越來越高，平均每往下100公尺就會上升3°C，最接近地心的地核，溫度甚至可高達**4000～6000°C**。

由於地底下的岩層極為厚重，壓力也會隨著深度增加而變大，所以不管鑽探鑽頭做得再堅硬，只要向下挖到數公里深，就會因為溫度、壓力過高，或因鑽頭被岩石卡住而無法再往下鑽探。

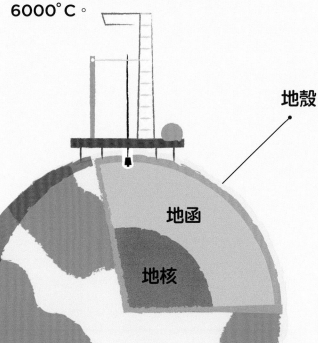

地殼

地函

地核

唉，沒辦法再往下挖了！

世界上最大的深海鑽探船「地球號」

由於**海洋地殼**比**大陸地殼**薄得多，科學家也會嘗試由海洋鑽探。目前全球最大的深海鑽探船，是日本的「**地球號**」，它的高科技鑽頭能從海溝裂縫，鑽達地底7公里，就能深入地函。

Q7 指北針會一直指向北方，是因為地球裡面有磁鐵嗎？

 地球裡面並沒有磁鐵，指北針會一直指向北方是受到地球磁場的影響。

目前科學家多半認為，地球之所以有像磁鐵一樣的磁場，是因為**地球自轉**，以及**液態**的**鐵質外地核**對流，才產生了一連串的電流與磁場作用，稱為「**地磁**」。

地球磁力線

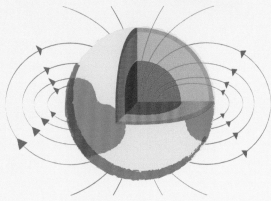

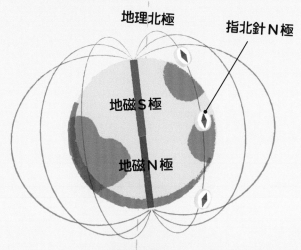

地理北極
指北針N極
地磁S極
地磁N極
地理南極

指北針的指針具有磁性，由於磁鐵的性質是「**異極相吸**」，它的N極會受到位於地球北方的地磁S極吸引，所以才會持續指向北方。

地球磁場除了有定位功能，更是地球生物的隱形盾牌，可為我們阻擋宇宙中的射線及太陽所釋放的高能量帶電粒子（即太陽風），地球生物就不會受到這些有害物質傷害。

還好地球有磁場可以保護我們！

Q8 聽説地磁的位置還會跑來跑去，這是真的嗎？

A 地球的磁極和磁場確實會變動，未來甚至可能會「反轉」。

科學家已經證實地球的磁極會緩慢的跑來跑去，這可能是因為**地球磁場**的形成與**外地核**的流動有關。

雖然地球磁極通常不會移動太多，但過去也曾出現多次地球磁極互換位置，稱為「**地磁反轉**」。

正常情況

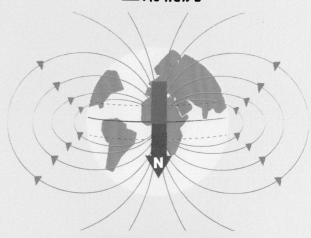

地磁N極會指向地球南方。

科學家預估未來的1000年內地磁可能會再度反轉，包括**衛星、通訊、網路、電力系統**都有可能受到干擾，也會影響許多生物的**生態**。

嗚，我沒辦法藉由地球磁場找到回家的路了！

慘了，地磁反轉後我到底該怎麼轉呀！

我的手機也沒辦法用了！

地磁反轉

地磁N極和S極方向對調。地磁N極變成指向地球北方。

Q9 為什麼地球上會有海洋？

A 原始地球充滿炙熱的岩漿，岩漿中的水後來漸漸冷卻，才形成大氣和海洋。

剛形成的地球很熱，表面是高溫的**岩漿**和大規模的**火山活動**。

1

當岩漿冷卻成岩石時，裡面的水和許多氣體便分離出來，形成**大氣**。

2

3

4

距今約**35億年前**，地球終於逐漸冷卻，大量的水蒸氣凝結成水，下起持續很久的**暴雨**。

暴雨帶來了非常大量的積水，最後就形成廣大的**海洋**。

Q10 為什麼地球上會有陸地？

A 因為地球表面有明顯的高低起伏，
較高的地方不會被海水填滿，就形成陸地。

 由於地球內部經常進行**擠壓**、
碰撞、**分裂**等劇烈運動，使得
地球表面產生了明顯高低起伏
的地形。

當海水出現後，會先填滿比較
低的地方，形成**海洋**；地勢比較
高且沒被海水填滿的地方，就
形成我們現在生活的**陸地**。

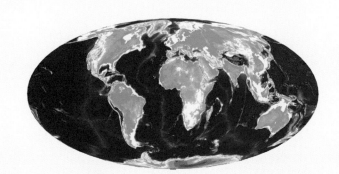

單位：公尺

| -6000 | -4000 | -2000 | 0 | 2000 | 4000 | 6000 |

這是地球地形圖，數值在0公尺以上的地
方，即是未被海水覆蓋的陸地，目前地球表
面大約有29%的陸地，其他區域皆是海洋。

地科小知識

海水好鹹！

民間故事傳說，海裡有個會不斷磨出鹽
的石磨，所以海水才會鹹鹹的。但其實
是因為地表岩石裡的鉀鹽、鈉鹽等礦物
質隨著雨水、河水流入海中，日積月累
之下，才讓海水變得超級鹹喔！

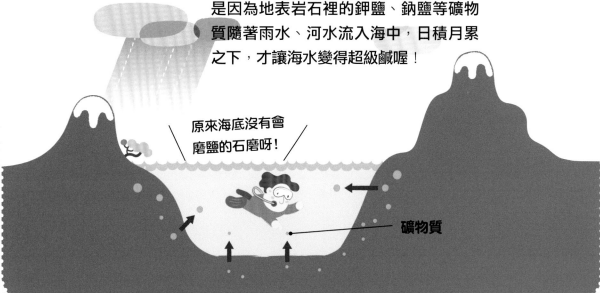

原來海底沒有會
磨鹽的石磨呀！

礦物質

Q11 被海水填滿的海底，又是什麼樣子的呢？

A 海底地形跟陸地一樣，有非常明顯的高低起伏。

海洋會隨著與陸地的交界漸行漸遠，而變得越來越深。在科學家觀測的影像中，海底地形跟陸地一樣複雜，有**高山**、**深谷**，也有廣闊的**平原**。

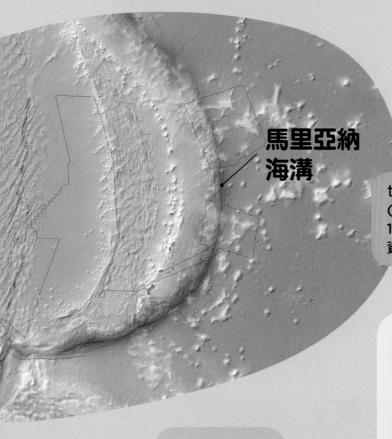

馬里亞納海溝

世界最深的海溝馬里亞納海溝 (Mariana Trench) 深度可達 1 萬 1304 公尺。
資料來源：NASA

如果我們從陸地慢慢潛入海底，最靠近陸地的地方是平坦的**大陸棚**，接著會有像溜滑梯一般具有坡度的**大陸斜坡**，之後則會見到**深海平原**。在深海平原中，有一些突出的**海底山**，也有凹下去的**海溝**。

哇！海底地形跟陸地好像呀！

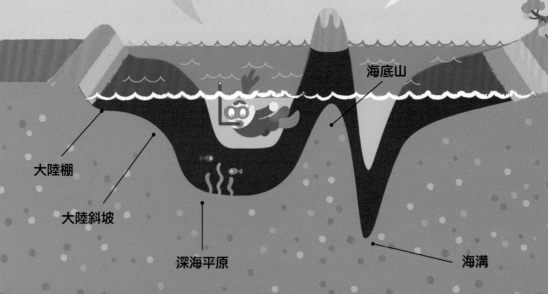

海底山

大陸棚

大陸斜坡

深海平原

海溝

 **Q12** 地球上的陸地會不斷移動，還是固定不變的呢？

A 地球上的陸地會隨著漫長時間緩緩移動，並非固定不變。

 距今大約2億2500萬年前，也就是恐龍剛現身的時期，地球上的所有陸地曾經相連在一起，稱為「**盤古大陸**」，經過了兩億多年的變動，才變成現在的七大洲。

1 地表上的陸地完全連在一起，稱為「**盤古大陸**」。

2 盤古大陸分裂成「**勞拉西亞大陸**」和「**岡瓦納大陸**」。

2億2500萬年前
盤古大陸

2億年前
勞拉西亞大陸
岡瓦納大陸

3 陸地越分越多塊，但南美洲和非洲還連在一起，澳洲也仍與南極大陸相連。

4 非洲和南美洲已經分開，澳洲也開始往北漂，恐龍在此時滅絕，消失在地球上。

1億5000萬年前
南美洲 非洲 澳洲 南極洲

6500萬年前
南美洲 非洲 澳洲 南極洲

5 之後南、北美洲相連，澳洲也和南極洲分開，逐漸變成現在我們居住的世界。

北美洲 非洲 南美洲 澳洲 南極洲
現在的世界

嗚，我沒有地方可以住了！

Q13 為什麼地球上的陸地會移動呢？

A 因為整個地球表面，是由一塊塊會活動的板塊拼接而成的。

 地球表層是薄而堅硬的「**岩石圈**」，是由很多塊「**板塊**」拼接而成的。板塊則是由**地殼**和**上部地函**所組成，會隨著漫長的時間不斷變動，稱為「**板塊運動**」。

板塊較厚的地方會浮出海面，即為**陸地**。板塊的下方則是「**軟流圈**」，這裡的物質較軟，具流動性。而板塊就漂浮在軟流圈上，朝不同的方向運動。

板塊 [大陸地殼 海洋地殼 上部地函 軟流圈

由於板塊會不停運動，才會促成各大陸相互分離或是合併成一大塊，目前全球大致可分成**七大板塊**。

這是全球板塊分布圖，較大的板塊有太平洋板塊、歐亞板塊、非洲板塊、印度—澳洲板塊、北美洲板塊、南美洲板塊和南極洲板塊。

Q14 為什麼地球上的板塊會「運動」呢？

A 因為地球內部非常熱，會持續產生「熱對流」，推動板塊往不同方向「運動」。

 用爐火加熱鍋子裡的水，變熱的水會往上升，而冷的水則會向下沉，這種現象就叫做「**熱對流**」。

沒想到燒開水就能看到熱對流呢！

地球內部的溫度很高，就像在燒開水的火一樣，會在**地函處**產生**熱對流**，形成推動板塊的力量，所以板塊才會持續不斷的「運動」。

岩漿上升處

軟流圈

地函

海溝

海溝

地科小實驗

燒杯裡的板塊運動

- 準備器材：燒杯、酒精燈、水、數塊豆皮
- 實驗步驟：將燒杯裝水，再放數塊豆皮進去，接著用酒精燈加熱水，之後就能觀察到浮在水面上的豆皮，受熱對流的影響而往四周散開。

熱對流

A 地球內部有大大小小的熱對流系統，所以板塊也會各自朝不同的方向運動。

1 分離型板塊運動

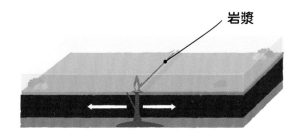

岩漿

通常出現在**熱對流上升**處，會推動原本相鄰的兩個板塊往外擴張，形成「**分離性交界**」。岩漿則會在地殼張裂處湧出，冷卻後就形成新的岩石。

2 聚合型板塊運動

隱沒帶

大陸板塊　　海洋板塊

通常出現在**熱對流下降**處，會促成原本相鄰的兩個板塊各自往內推擠，形成「**聚合性交界**」。比較重的海洋板塊則會隱沒到比較輕的大陸板塊下方，稱為「**隱沒帶**」。

3 錯動型板塊運動

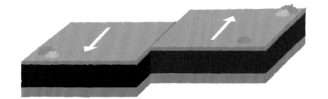

由於各個熱對流推動板塊的速度不一致，會造成相鄰的兩個板塊一前一後的平行移動，形成「**錯動性交界**」。

從拼圖找到靈感的「大陸漂移說」

很久以前，科學家認為地球上的陸地是不會活動的，能發現陸地會移動，得歸功於德國的氣象學家韋格納（Alfred Lothar Wegener）。1910 年的某一天，負傷住院的他，百般無聊間，無意中從牆上的世界地圖發現：南美洲東部的海岸線，竟然與非洲西部的海岸線非常接近，就像是原本應該接在一起的兩塊拼圖！

咦，這兩塊大陸的海岸線怎麼有點像？

真的可以拼在一起呢！

這個發現讓韋格納興奮極了，後來他將世界地圖上的一塊塊陸地仔細比較，結果發現：地球上所有大陸的海岸線都有相似之處，可以完好的吻合在一起，因此他在1912 年提出了「大陸漂移說」。

耶，我找到大陸漂移的祕密了！

其後多年又經過多位科學家陸續印證，找到更多的證據，從此人們終於相信「陸地真的會移動！」也發展「海底擴張說」、「板塊構造說」等更多重要的地科理論。

臺灣島的形成也跟板塊運動有關嗎？

A 臺灣是受到兩大板塊的相互擠壓，使得地殼逐漸從海底抬升、隆起而形成的島。

臺灣位在**歐亞板塊**與**菲律賓海板塊**交界處。原本是深藏在海底的地殼，直到大約1000萬年前，才開始受到兩大板塊的擠壓、碰撞而逐漸浮出海面、形成島嶼。

古臺灣島

海岸山脈

歐亞板塊

菲律賓海板塊

板塊擠壓的力量相當強大，所以臺灣島形成的過程中也擠壓出眾多高山。

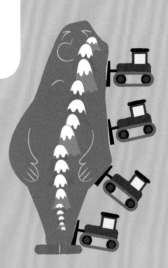

嗚，我的皮膚被擠壓出好多皺褶！

地層隆起

板塊擠壓

地層斷裂

Q17 其他國家的高山
也跟板塊運動有關嗎？

A 世界上許多重要的高山，都是因為
板塊運動的擠壓作用而形成的。

聖母峰

 當兩塊板塊碰撞在一起時，比較輕的板塊會被擠壓、往上堆疊而形成高山，再加上風雨的侵蝕，就雕塑出山的形狀，稱為「**造山運動**」。

 在**世界第一高峰聖母峰**，可找到海洋生物的化石，證實這裡原本也是深埋在海底，經由漫長時間的板塊運動推擠才逐漸形成高山。

Q18 為什麼我無法察覺到
陸地上的板塊有在運動呢？

A 因為板塊運動的速度非常慢，
所以才會很難察覺。

 板塊運動的速度非常、非常緩慢，需要用非常精準的工具才能正確量測。

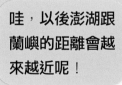
哇，以後澎湖跟蘭嶼的距離會越來越近呢！

以人造衛星觀測臺灣附近的陸地可發現，東岸的離島**蘭嶼**和西岸的離島**澎湖**，每年大約會靠近**8公分**喔！

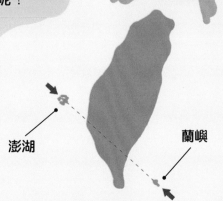
澎湖　　蘭嶼

地震100問
藏在火山的祕密
Q19 → Q30

從陸地到海底，地球上到處都有火山，
雖然火山爆發可能會帶來嚴重災害，
卻同時也為地球製造出豐富的礦藏資源。
地球上四處遍布的火山究竟從何而來？
當火山即將爆發，
我們是否有機會能提前預知呢？

Q19　火山就是會噴火的山嗎？

A 火山不會噴出火，也不會燒起來，
而是一種會噴出滾燙岩漿的山。

 地球內部的高溫，會將岩石加熱熔化成**岩漿**，在地底下的某些地方聚集、變多並上升，形成「**岩漿庫**」，最後更會抬升地殼而形成**火山**。

 火山會噴出岩漿、氣體，還有不同大小的岩石碎屑與灰燼，稱為「**火山爆發**」。而岩漿冷卻後又會變成岩石堆積在旁，讓火山變大、變高。

快逃哇！
火山要爆發了！

地科小故事

火山是從火神變來的？

火山的英文是「volcano」，關於這個字的來源有各種傳說，其中最知名的是源自古羅馬神話中的火神伏爾肯（Vulcan）。相傳他終年都躲在地底下為天神打造神器，火山則是他的打鐵鋪，一旦火山在冒煙冒火，那就是伏爾肯又在開工了。後來伏爾肯的名字「Vulcan」，逐漸演變成今日我們所熟知的「volcano」——火山。

大家只知道火山，
不認識火神！

你的名字
是模仿我的！

火神伏爾肯

Q20 火山通常會在哪裡出現呢？

A 火山大多出現在板塊交界、地殼容易產生裂縫的地方。

 火山是由岩漿形成的，在**板塊交界**處，常有岩石被加熱熔成岩漿。這裡的地殼往往比較破碎，岩漿容易噴出地表而形成火山。

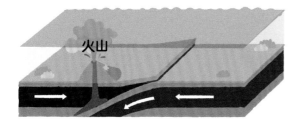

板塊靠近時，下沉的板塊有部分會熔成岩漿，往上噴出而形成火山。

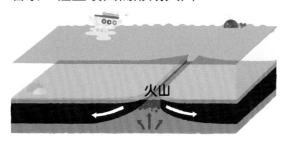

板塊遠離時，岩漿會往上升並噴發，形成火山。

熱點

地球上還有一種容易有岩漿噴出的地方，稱作「**熱點**」。熱點下方的地球內部特別熱，炙熱的物質會從接近地核處向上衝並熔化成岩漿。

熱點

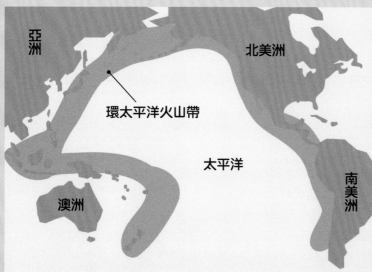

亞洲　北美洲　環太平洋火山帶　太平洋　澳洲　南美洲

環太平洋火山帶

火山大多出現在板塊交界，所以會沿著板塊邊緣形成「**火山帶**」。在全世界火山密度最高的「**環太平洋火山帶**」，就聚集了超過450座火山。

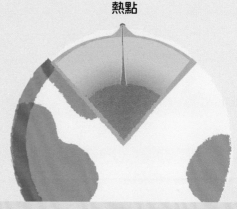

33

Q21　為什麼火山會爆發呢？

A　當地底下的岩漿已經多到裝不下時，就會往上噴出地表，造成火山爆發。

岩漿庫

 火山的地底下通常是地球內部熱力特別集中的地方，會有大量的岩石熔化成岩漿，並且慢慢匯聚成**岩漿庫**。

 當岩漿庫裡的岩漿越來越多，裡面的氣體會變多、壓力增加，岩漿就會伺機從地殼較薄處噴出，稱為「**火山爆發**」。

地科小實驗　自己做火山

- 準備器材：小蘇打粉、白醋、保特瓶、臉盆、紅墨水少許、麵粉
- 實驗步驟：

❶ 麵粉加水做成麵團，包覆保特瓶做出山形，並將假山立在臉盆中。

❷ 在瓶口注入2/3瓶清水，並倒入15克以上的小蘇打粉及少許紅墨水拌勻。

❸ 最後注入白醋，就能看到紅色液體不斷湧出、宛如火山爆發。

醋加上小蘇打會產生大量的二氧化碳，讓瓶中混合物的體積一下子變大而衝出瓶口，原理跟「因氣體及壓力增加」而產生的火山爆發很像喔！

Q22 火山噴發有哪些方式呢？

A 主要有「爆炸式」和「寧靜式」兩種爆發方式。

爆炸式噴發

當火山內部的岩漿黏性很高且不易流動，就容易累積氣體和壓力而出現「**爆炸式噴發**」，破壞力強。

爆炸式噴發會噴出大量岩漿與岩石碎屑，冷卻後會層層堆疊成山形對稱優美的「**錐狀火山**」或「**層狀火山**」，例如日本的**富士山**。

日本富士山

錐狀火山

寧靜式噴發

當岩漿的黏性較低、容易流動，氣體和壓力也較易逸散，就會出現「**寧靜式噴發**」，岩漿會從火山表面的岩石裂縫，安靜緩慢的流出。

寧靜式噴發的岩漿流動範圍較大，山形寬廣，稱為「**盾狀火山**」。太平洋中部的**夏威夷群島**，就是全世界最知名的盾狀火山分布區。

夏威夷基拉韋厄（Kīlauea）火山

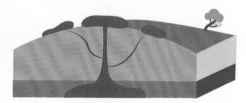
盾狀火山

Q23 聽說火山有分成「活的」和「死的」，為什麼呢？

 「活火山」或「死火山」是以地底下的岩漿庫是否仍有大量岩漿在活動來判定的。

活火山

 「**活火山**」的地下岩漿庫仍存在著大量岩漿，有機會再度爆發，像是義大利的**維蘇威火山**（Vesuvio）、2018 年才剛爆發過的印尼**喀拉喀托火山**（Krakatoa），都是知名的活火山。

我的地底下還藏著很多岩漿呢！

喀拉喀托火山

死火山

 「**死火山**」是指地下岩漿庫已枯竭，不會再度爆發的火山；若火山已超過一萬年沒有再噴發也會被歸為死火山，像是15 ～ 20 萬年前爆發的非洲最高峰**吉力馬札羅火山**（Kilimanjaro）就屬此類。

嗚，我沒有岩漿了，無法再爆發！

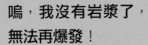

吉力馬札羅火山

Q24 岩漿冷卻後會變成什麼呢？

A 岩漿由岩石熔化而來，
冷卻後就會再變成堅硬的岩石。

每種火成岩
的長相非常
不一樣呢！

 由岩漿冷卻後形成的岩石稱為「**火成岩**」。而岩漿的成分、噴發方式、冷卻速度、冷卻位置，都會影響岩石的形成。

1 玄武岩

- 內有鐵、鎂礦物、大致呈黑色
- 岩漿在地表和緩噴發後，再冷卻形成
- 最常見的火成岩，澎湖分布極廣

2 安山岩

- 呈灰色、內有白色或綠色斑晶
- 岩漿在地表附近激烈噴發形成
- 在大屯山等北臺灣的火山很常見

3 流紋岩

- 含石英和長石、質地細緻、呈灰或白色
- 岩漿在地表附近短時間急速冷卻而形成
- 臺灣本島分布較少，馬祖西莒一帶可見

4 花崗岩

- 含石英和長石、內含大顆粒的礦物結晶
- 岩漿在地下深處緩慢冷卻形成
- 是地球上分布最廣的深成火成岩，金門和花蓮太魯閣可見

Q25 火山爆發時會造成什麼災害呢？

A 可能會燒毀附近區域、造成山崩、地震和土石流。

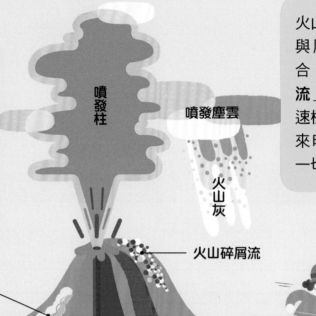

火山碎屑流遇到河水、雨水或雪水，會變成很像土石流的「**火山泥流**」，黏性高，易壓毀經過的樹與建築。

火山噴出的熱氣，會與周圍岩石碎屑混合，形成「**火山碎屑流**」，溫度極高且流速極快，從山上滾下來時會燒毀並活埋一切。

噴發柱

噴發塵雲

火山灰

火山碎屑流

火山泥流

火山熔岩

岩漿庫

火山猛烈爆發時，會噴出大量溫度高達 900～1200°C 的岩漿，容易引起大火，還可能伴隨地震和海嘯。

遭到埃特納火山碎屑流摧毀的民宅。

2002年義大利埃特納火山（Etna）爆發情景。資料來源：NASA

Q26 「火山灰」是什麼呢？

A 火山灰是火山噴發出的
細小岩石粉末和玻璃顆粒。

火山灰比大部分
的灰塵還要細，
可以飄到遠方，
不但會影響到飛
航安全，也可能
遮蔽陽光，造成
天氣變冷。

我的光和熱都
被遮住了！

我看不清楚，
要怎麼飛啊！

2010 年冰島的艾雅法拉火山（Eyjafjallajökull）爆發時，
大量火山灰曾造成全球 10 萬次的航班被迫取消。

地科小故事

維蘇威火山和龐貝城

西元 79 年 10 月，義大利的維蘇威
火山爆發。當時鄰近的龐貝城很快
就被高速流動的火山碎屑流摧毀。
直到超過 1500 年後，這座古羅馬
城才被挖掘出來。

被火山碎屑掩埋的龐貝城，
像時光膠囊一樣保存完整，
是考古學家了解古羅馬文化
的重要遺跡喔！

Q27 火山只有可怕的災害，完全沒有益處嗎？

A 火山的地熱可用來發電，也常形成溫泉。

 火山底下的熱源，可用來作為「**地熱發電**」，也能將地下水加熱成「**溫泉**」，還常因特殊的地形景觀而成為知名的觀光景點。

日本九州因為遍布眾多火山，形成許多知名溫泉。圖為別府「海地獄」溫泉。

好舒服喔！

Q28 臺灣也有活火山嗎？

A 臺灣現有大屯火山和龜山島兩座活火山。

大屯火山是臺灣本島唯一的活火山，過去原本視為死火山，但近年來更多科學研究發現，火山底下仍可能還有岩漿庫，因此科學家在此設立觀測站，利用儀器持續監測火山活動。

龜山島位於宜蘭外海，是比大屯火山更活躍的活火山，在過去7000年內至少噴發四次。這裡的海底溫泉上湧時混合海水，會形成特別的「陰陽海」景觀。

Q29 火山那麼燙，科學家要怎麼研究它呢？

A 科學家會穿著特殊的隔熱防護裝備，近距離的調查火山。

火山岩漿的高溫超過1000°C，因此火山學家研究活火山時，常穿戴特殊的防護裝備與防毒面罩，隔絕高溫和毒氣。

 若是快要爆發的火山，科學家就不會靠近，而是運用觀測站或人造衛星的數據，遠距監測火山活動以確保安全。

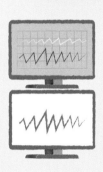

Q30 火山爆發有辦法提前知道嗎？

A 大部分火山噴發前都有徵兆，透過長期監測就能預警。

 火山噴發前可能有**地震**、**地表隆起**；如果地底的岩漿很活躍，有些小噴氣孔噴出的化學成分也會有變化。

 臺灣的活火山很少，不曾發布火山預警。但在火山密集的日本，就將**火山警戒**分五級，數字越大代表越危險。

萬一遇到火山噴發，逃跑時要戴安全帽，並用毛巾或防護面罩遮住口鼻喔！

日本火山警戒分級表

預報	警報		特別警報	
1級	2級	3級	4級	5級
火山平靜	可能發生火山爆發		即將或已經火山爆發	
不影響觀光	火山周圍限制進入	禁止上山、限制登山等		

地震100問
可怕的地震與海嘯
Q31 → Q63

從古至今，大地震與大海嘯，
就是人類最無法與之抗衡的天然災害。
幾乎每年都會發生在地球上任一角落，
奪走數千人，甚至上萬人的寶貴生命，
學會因應這些天然災害，
先從理解它們的成因及影響開始⋯⋯

Q31　地震好可怕，為什麼會有地震呢？

　大部分的地震都是地殼變動所造成的。

地殼變動（構造性地震）

地球內部非常熱，會在地底下的部分區域累積巨大能量；
一旦能量釋放，就會造成地殼岩石錯動、斷開而形成地震。

1 地殼能量的累積，就像是用力折斷一根筷子的過程，能量剛累積時地殼看起來是不動的。

2 當能量累積越多，地殼扭曲變形的幅度也會增加。

3 當地殼承受不了而斷開時，就會產生地震。

4 地震過後，地殼也會像是折斷的筷子般和之前的樣貌很不一樣。

火山地震

當火山底下的岩漿活動時，有可能會移動或破壞周遭的地殼岩石而引發地震。

嗚，我們會滅絕，就是受到小行星撞擊地球害的！

隕石撞擊

當外太空來的大型隕石或小行星撞擊地球時，也可能引發地震，並造成地球環境的巨大改變。

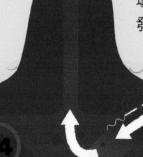

Q32 除了自然界的因素以外，人類也可能製造出地震嗎？

A 只要人類製造出足以破壞地殼岩石的能量，就有可能引發地震。

由人為力量引發的地震稱為「**人為地震**」。相較於自然地震，人為地震通常規模較小且振動小，必須用儀器才能偵測與記錄。

引爆**大型炸彈**、**原子彈**等毀滅性武器，都會釋放巨大能量而引發地震。另外，**興建隧道**、**水庫**及**鑽探石油**等人為活動也有可能會誘發小地震。

> 鑽探石油時常在地下注入高壓液體，可能會破壞地殼岩石而引起小地震。

Q33 除了地球以外，其他星球也有地震嗎？

A 包括行星、恆星、小行星及其他星球，都有可能出現地震。

地震不是只會出現在地球，在太陽、月球和其他星球都有機會出現。科學家已觀測到太陽表面有振盪，稱為「**日震**」，並透過在月球上放置地震儀來證實月球有「**月震**」。

> 2019年由美國太空總署發射的「洞察號」（InSight）火星探測器，也透過配備的地震儀，測得疑似「火星震」的微弱訊號。資料來源：NASA

地震儀就藏在圓形穹頂的屏障裡喔！

洞察號

Q34 世界上有哪些地方特別容易發生地震？

A 板塊與板塊的交界處附近特別容易發生地震。

如果在世界地圖中標記地震的震央，會發現多數地震都以「帶狀分布」集中在板塊交界處，稱為「地震帶」。

歐亞地震帶

環太平洋地震帶

中洋脊地震帶

中洋脊地震帶

全球95%的地震，都集中在「環太平洋地震帶」、「歐亞地震帶」和「中洋脊地震帶」三條地震帶上，其中又以環太平洋地震帶的地震最多，約占70%以上。

Q35 哪個國家的地震最多呢？

A 環太平洋地震帶上的國家地震都很多，其中地震最頻繁的可能是印尼。

臺灣、印尼和日本都位於地震密集的環太平洋地震帶上，但印尼的幅員比日本更廣，板塊構造更複雜，地震發生率也更高。根據美國地質調查局（USGS）統計，在1901～2017年間，印尼就發生過150多次規模大於7的地震。

由於日本有世界最密集的地震觀測站，所以日本可以說是世界上能記錄到最多地震的國家。

日本

臺灣

印尼

環太平洋地震帶

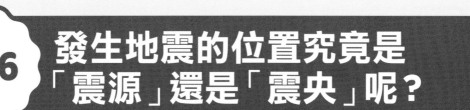

發生地震的位置究竟是「震源」還是「震央」呢？

A 地震是從地底下的「震源」開始發生的。

地震震源是指地底下因岩層斷裂錯動而引發地震的起始點。**地震震央**則是由震源垂直投影到地面上的位置。

地震測報單位發布地震報告時，會在地圖上標示**震央**，好讓民眾可以很快得知地震災害可能會在哪裡出現。而震源則會以對應震央正下方的**深度**表示。

震央

震源

車籠埔斷層線

雙冬斷層線

南投市

名間鄉

日月潭

震央（集集鎮）

震源

著名的「921大地震」，震央位於南投縣集集鎮，震源深度（地震深度）則是8公里。

通常震源深度較淺的地震，會造成比較嚴重的災害。而發生在地球陸地上的地震，絕大多數的震源深度都在**70公里**以內。

深源地震　　　　淺源地震

A 因為地震是以「波」的形式傳播能量，強大的地震波會讓地面搖晃。

地震波就像水波、聲波般，是一種「**波動**」，會從發生地震的位置往四周擴散來傳播能量。雖然我們不能像觀察水波般直接看到地震波的傳遞，但地震時地面晃動的方式，其實就像在水面上散開的波紋一樣。

水波傳遞

地震波傳遞

Q38 為什麼比較大的地震發生時，常會先上下、後左右搖晃呢？

A 因為地震波有不同類型，傳播速度也不一樣，所以才會出現不同的搖晃方式。

地震發生時，通常會產生P波（縱波）和S波（橫波）兩種地震波。兩者的**速度**、**搖晃方式**和**破壞力**不太一樣。例如S波的搖晃大小約為P波的五倍，因此會造成不同的感受及影響。

1

地震發生時，P波和S波會從相同地方起跑。

2

P波跑得快，當它到達我們住的地方，只會讓人覺得地面微微上下晃動了一下，甚至沒有感覺。

3

但等到跑得慢的S波到達時，就會感覺到比較明顯的左右搖晃，也有可能出現災害。

Q39 新聞常以「地震規模」形容地震，那是什麼意思呢？

 A 地震規模是用來比較地震大小的依據。

 地震是一種**能量釋放**，就像是電、熱或者是炸藥爆炸一樣，可以量測和計算。目前科學家計算地震釋放的能量會以「**地震規模**」來表示。

地震規模會以「**數字不加單位**」的方式記錄，而地震規模每增加1.0，釋放能量會相差$10^{1.5}$、約32倍；地震規模每增加2.0，釋放能量則會相差10^{3}、約1000倍！

規模5.0地震能量約等於180萬公斤炸藥

規模6.0地震能量約等於5600萬公斤炸藥

相差1000倍

相差32倍

相差32倍

規模7.0地震能量約等於18億公斤炸藥

原子彈好可怕，希望人類可以記取教訓呀！

 地科小知識

地震規模與原子彈

每次發生大地震，新聞報導常會出現「地震能量等同於X顆原子彈」的說法。這是因為地震釋放的能量實在太大，為了便於人們想像，部分專家才會以原子彈來類比。而規模6.0地震所釋放的能量，約相當一顆原子彈。

但實際上地震的累積與釋放能量方式很複雜，不同地震的發生原因也不一樣，所以正式的地震研究不會運用這種籠統的換算。

1945年8月，美國在日本廣島、長崎投下了兩顆原子彈，造成了無數的傷亡。圖為長崎原子彈引爆後騰起的蕈狀雲。

Q40 「地震震度」又是什麼意思呢？

A 震度是指某地在地震時受影響的程度。

 地震規模是用來比較**地震大小**與**釋出能量**；**地震震度**則是用來表示各地**地面實際的搖晃程度**。地震報告會同時呈現兩種資料，好讓民眾和救災單位完整瞭解地震的影響。

震度是以「**級**」別來區隔，級數越高代表搖晃得越厲害，災害也更嚴重。不同國家會使用不一樣的震度分級，過去中央氣象局是將震度劃分為7級，但後來參照日本的作法，將震度依**地動加速度**和**地動速度**，區分為0～4級、5弱、5強、6弱、6強、7級以上等10級。

花蓮縣秀林鄉發生規模6.3的強震……

NEWS

花蓮最大震度達7級、宜蘭、臺中的震度則有5級……

地科小故事

從水桶看震度

昨晚的地震感覺不小啊……

古人沒有精密的儀器來判讀震度，該怎麼記錄地震搖晃的程度呢？日本史書記載：古代的日本人會比較地震前後雨水儲存桶中的水量多寡，來判斷地震搖晃的大小。當桶內的水剩越少，代表地震搖晃得很嚴重；反之，若桶內的水剩很多或根本沒有潑出來，代表地震搖晃很輕微！古人是不是很聰明呢？

地震震度分級表

0 無感	1 微震	2 輕震	3 弱震

人無感覺。	人靜止或位於高樓可感覺微小搖晃。	多數人可感到搖晃，屋內懸掛物也有小搖晃。	幾乎所有人會感到搖晃，有的人有恐懼感。

4 中震	5弱 強震	5強 強震

很多人有恐懼感，睡眠中的人也會被驚醒。	大多數的人都會感到驚嚇恐慌，少數家具可能移動或翻倒。	幾乎所有人都會驚嚇恐慌，部分房屋的門窗變形、牆壁產生裂痕。

6弱 烈震	6強 烈震

人站立困難，部分耐震較差的房屋可能損壞或倒塌。	人無法站穩。耐震能力較佳的房屋亦可能受損，部分地面出現裂痕，山區可能山崩。

7 劇震

通常震度5級以上的地震，就會造成明顯災害，非常可怕！

人無法依意志行動。山崩地裂，地形地貌亦可能改變，大範圍地區電力、自來水、瓦斯或通訊中斷，鐵軌彎曲。

Q41 為什麼有時候明明有發生地震，我們卻感覺不到？

A 震度小、持續時間短的地震，就不太容易感覺到。

震度 **0 級**的地震，稱為「**無感地震**」。通常震源很深的**深源地震**，或是規模很小的地震，傳遞到地表的震度都非常輕微，人體無法察覺。

震度 **1 級以上**的地震，才是人體有機會察覺到的「**有感地震**」。 根據中央氣象局 2001 至 2015 年統計，臺灣一年大約會發生 26686 次地震，其中只有 **965 次**是有感地震，其餘都是**無感地震**。

剛剛有地震嗎？怎麼我都不知道？

因為震度太小，加上你又在跑步，才沒有感覺！

Q42 為什麼發生地震時，各地震度都不一樣呢？

A 距離震源的遠近及地形環境，都會影響實際的震度。

地震波通常會沿著斷層破裂處、以**同心圓**形式傳遞到遠方。通常地震規模越大、震源越淺、距離震央越近、地層越鬆軟，震度就會越強，對建築物的傷害也越大。

我這邊還好耶！

救命呀！

小	地震規模	大
深	震源深度	淺
遠	震央距離	近
堅實	地層特質	鬆軟

Q43 為什麼有時候會連續好幾天都有地震呢？

A 因為地震的能量經常會分成多次釋放。

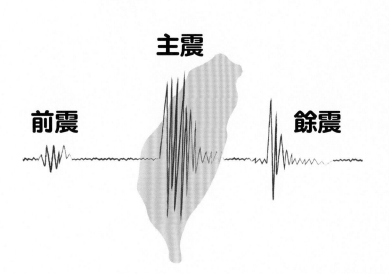

主震

前震　　　　　餘震

在相近時間或地點內出現的一連串地震，稱為「**地震序列**」，並依發生的時間順序分為「**前震**」、「**主震**」和「**餘震**」。

前震發生在主震之前，通常不會太大；主震則是地震序列中規模最大、釋放最多能量的地震；餘震則是主震後的一連串地震，規模會比主震小。通常**主震越大、餘震越多也越大**。

Q44 世界上最大的地震究竟有多大呢？

A 目前已測得的最大地震規模是9.5。

4 2011 年日本東北大地震（規模 9.1）

2 1964 年阿拉斯加大地震（規模 9.2）

3 2004 年印尼蘇門答臘大地震（規模 9.1）

5 1952 年俄羅斯堪察加半島大地震（規模 9.0）

1 1960 年智利大地震（規模 9.5）

世界前五大地震（規模皆大於 9.0），發生地點依序是智利、阿拉斯加、印尼蘇門答臘、日本東北、俄羅斯堪察加半島。

Q45 聽說小地震能幫助釋放能量、減少大地震發生，是真的嗎？

A 地震是很複雜的現象，小地震多的地方不一定就不會有大地震喔！

每次都是這麼說……

這起地震是正常的能量釋放……

發生1000次規模5.0地震，才等於1次規模7.0地震釋放的能量，所以就算某地的小地震很多，也還是有可能發生大地震。

相反的，如果某地的小地震突然變少，也不見得一定會出現更大的地震，需要更多證據找出關連。

Q46 常在地震報導中提到的「斷層」究竟是什麼呢？

A 斷層是指地殼岩層受外力作用而破裂斷開的地方。

地殼岩層受到外力會變形，比較軟的岩層會被擠壓扭曲；有些岩層則可能會破裂斷開，造成地震，而**岩層斷開來的地方**就是**斷層**。

斷層形成後通常還是會緊緊相連，但若再繼續受到外力作用，斷開的岩層就會再往不同方向錯動，這種持續錯動的斷層就稱為「活動斷層」。

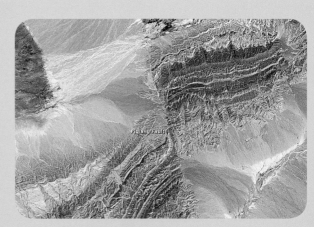
這是位於新疆塔克拉瑪干沙漠北部天山的皮羌斷層，它是仍在活動的平移斷層。資料來源：NASA

Q47 斷層會怎麼活動呢？

A 斷層通常會以上下或水平方向移動。

 斷層依據活動的方式不同，可分成**正斷層**、**逆斷層**和 **平移斷層**等三種類型。

1 正斷層

岩層錯動時，
上盤沿著斷層
面向下滑落。

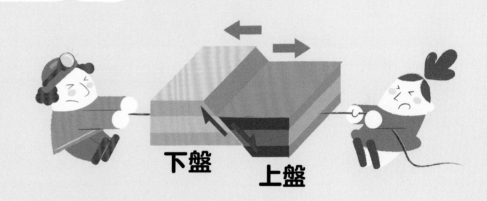

下盤　上盤

2 逆斷層

岩層錯動時，
上盤沿著斷層
面向上移動。

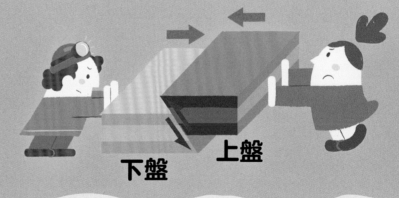

上盤
下盤

3 平移斷層

岩層錯動時，
兩側岩層出現
水平移動。

Q48 為什麼地震經常與斷層有關呢？

A 因為斷層會累積並釋放地下的能量而造成地震。

以前科學家都沒想過這裡會發生這麼大的地震呢！

地震經常會發生在**活動斷層**上，斷層的長度越長，累積的能量也越多；如果能量長期累積沒有釋放，也有可能一次性的釋放而發生大地震。

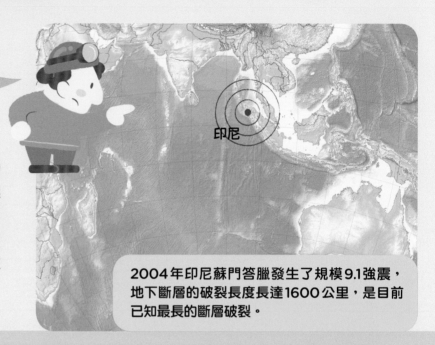

印尼

2004年印尼蘇門答臘發生了規模9.1強震，地下斷層的破裂長度長達1600公里，是目前已知最長的斷層破裂。

Q49 臺灣也有活動斷層嗎？

A 根據經濟部中央地質研究所調查，臺灣約有33條活動斷層。

臺灣的活動斷層好多呀，真可怕！

車籠埔、池上、旗山、新竹、新城、新化、大尖山、鹿野、三義、米崙、大甲、九芎坑、瑞穗、奇美、六甲、獅潭、屯子腳這17條活動斷層，是較有可能發生地震的**地質敏感區**。著名的921大地震，就是發生在車籠埔斷層。

新竹
新城
獅潭
大甲 ── 三義
屯子腳
車籠埔
九芎坑
大尖山
六甲
新化
旗山
米崙
瑞穗
奇美
池上
鹿野

資料來源：經濟部中央地質調查所

── 第一類活動斷層
── 第二類活動斷層

發生地震與斷層活動後，陸地的位置也會跟著變嗎？

A 有些地震會讓陸地大幅位移或隆起，甚至可以讓小島移動一段距離。

如果**地震很大**或**震源位置很接近地表**，較容易看到陸地大幅位移或隆起的景象。科學家也會利用GPS全球衛星定位系統，觀測地震造成的陸地變動。

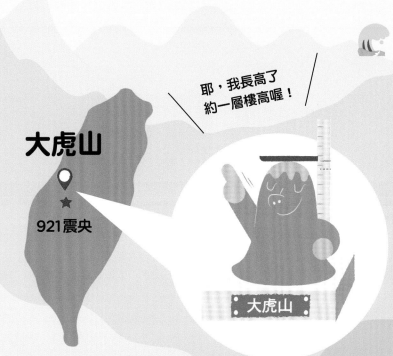

921大地震後，原臺中縣立光復國中因陸地隆起，造成操場及校舍毀壞，現已保存震後遺址，並改建為「921地震教育園區」。

大虎山

921震央

耶，我長高了約一層樓高喔！

大虎山

921大地震發生後，科學家就發現中部地區的陸地有明顯變動，例如南投縣的大虎山長高了3.2公尺；臺中市的東勢區則水平位移了8公尺，如果沒有地震，光靠板塊緩慢的運動，大概得經過一百年，才能達到這個位移的距離喔！

Q51 地震會帶來哪些災害呢？

A 地震可能會毀損建築、引發火災和海嘯、甚至曾間接導致核災，造成許多人員傷亡。

地震可能會造成山崩，毀損建築物、道路、橋梁、鐵路等交通動線，還會引起火災、破壞重要管線與電力設備，造成數以萬計的人員傷亡及龐大的金錢損失。

1923年日本關東發生規模8.1的大地震，其後又引發大火，超過10萬人喪生、近60萬棟建築倒塌或燒毀，圖為當時東京災後的景象。

1999年臺灣發生規模7.3的921大地震，總計奪走了2415條人命、超過10萬棟房屋全倒或半倒。圖為臺中大里「金巴黎」社區大樓（左）與臺北市東星大樓（上）的倒塌情景。

如果地震發生在海底，就可能會引發海嘯，海嘯影響的距離和範圍更廣。例如 2004 年**印尼蘇門答臘島**發生規模 9.1 大地震，後來在印度、斯里蘭卡、馬爾地夫等印度洋周邊國家均引發海嘯，奪走近 30 萬條人命。

2004 年發生大地震及大海嘯後的印尼蘇門答臘臨海城鎮，幾乎已被夷為平地。

2011 年規模 9.1 的**日本東北大地震**發生後，因為引發了大海嘯，導致**福島核電廠**核子反應爐出現爐心熔毀及放射線外洩的核能事故，是全球自 1986 年**車諾比核電廠事故**以來最嚴重的核災。

2011 年日本福島第一核電廠的 1～4 號機在地震中嚴重損壞的景象。

地震真是太可怕了！

新聞常說地震有可能引起「土壤液化」，非常危險，為什麼呢？

 因為地震可能讓某些地方的土壤瞬間變得軟爛，房子會像腳踩到爛泥巴一樣下陷。

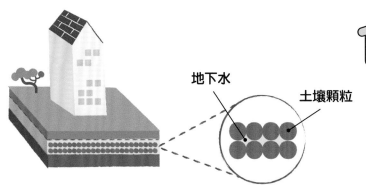

地下水　土壤顆粒

1 地震前

地底下的土壤空隙常有地下水，平時土和水會維持平衡，一起撐著地表上的土壤或建築。

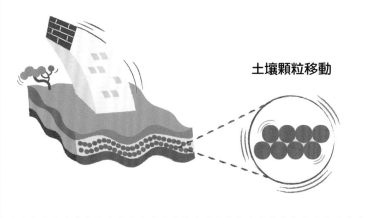

土壤顆粒移動

2 地震時

劇烈的搖晃會讓土壤顆粒跟著移動，破壞原有的平衡。

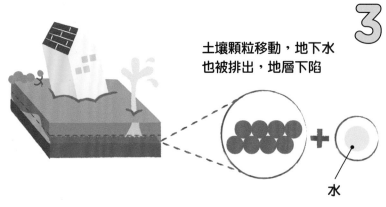

土壤顆粒移動，地下水也被排出，地層下陷

水

3 地震後

土壤顆粒受地震搖晃後會重新排列，地下水可能會被擠壓排出，造成土壤的高度變低、地面下陷，建築物就會跟著陷落或傾倒。

Q53　什麼是海嘯呢？

A 海嘯是一種具有強大破壞力的海浪，會造成非常嚴重的災害。

 海嘯的英文名「Tsunami」，來自日文的「**津波**」一詞，意思就是「**港邊的波浪**」。它通常是由海底地震所引起，劇烈的地震從海底傳到海面，形成威力強大的波浪。

當海嘯巨浪向前推進，抵達港邊及沿岸地帶，高度可達數公尺至數十公尺，並將海邊的房子、建築、田地全數淹沒。

2011年日本東北大地震發生後，岩手縣三陸海岸曾遭到浪高超過十公尺的大海嘯侵襲，傷亡和災損均相當慘重。

Q54　海嘯和海浪有什麼不一樣？

A 海嘯的能量很大，比起一般的海浪還要危險千百倍！

這算什麼，我可以搬數百公噸的巨石呢！

 一般**海浪**是由**風吹**造成，波既小又短。海嘯是由**巨大擾動**造成，波很長又很大，水量是海浪的百到千倍，上岸後甚至可衝進陸地數公里。

我可以搬1公噸的石頭喔。

海浪

海嘯

為什麼有些地震會引發海嘯？

A 當大地震造成海底地形的突然隆起或下沉，就會讓海水產生強烈擾動而引發海嘯。

海嘯通常是由**規模6.0以上**的**海底淺源地震**所引起，另外像**隕石撞擊**或**海底火山爆發**等災害，也有可能讓海水突然間遭到巨大干擾而形成海嘯。

當海底地形受到大地震的**斷層活動**影響，使地形突然間陡升或陡降，而讓海水產生巨大的波動，就會形成速度很快、能量也極大的**海嘯波**。

海嘯成因

1

斷層處發生地震，抬升地殼，連帶擾動上方海水，產生海嘯波往四周傳遞。

2

海嘯波湧至岸邊時，將具有強大破壞力。

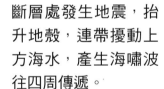
★ 代表地震發生處

Q56 海嘯來臨前，海水真的會大倒退嗎？

A 海嘯來臨前，岸邊海水常會出現大倒退，雖然不是每次都發生，卻是個重要警訊喔！

海嘯在海中會先產生**海嘯波**，如同一般的波有高低起伏；高的部分稱為**波峰**，低的部分叫做**波谷**。

如果海嘯波的波谷先到達岸邊，這時候會先出現非常明顯的大退潮，但不久後數公尺甚至數十公尺高的波峰就會抵達岸邊，造成嚴重的災害。

救命呀！
海嘯快來了～

地科小故事

稻堆之火

西元1854年，日本和歌山廣川町發生大地震，地震後有個名叫五兵衛的年輕人，觀察到海水出現異常大後退，料想海嘯即將來臨。他點燃稻草堆並大喊失火，好讓村民往高處逃並躲過海嘯。日本的小學課本曾長期收錄「稻堆之火」的故事，而五兵衛在現實中名為濱口梧陵，現今廣川還有他的紀念館。

海嘯來啦！
失火啦！
大家快逃！

Q57 海嘯傳播的速度有多快？

A 海嘯傳播的速度跟海水深度有關，在深海處的速度極快，但鄰近海岸就會放慢。

海嘯的**速度**與**海水深度**有關，水越深，海嘯傳播速度就越快，但浪反而不高，不易察覺；水淺時速度慢下來的力道，則會轉成**浪高**。

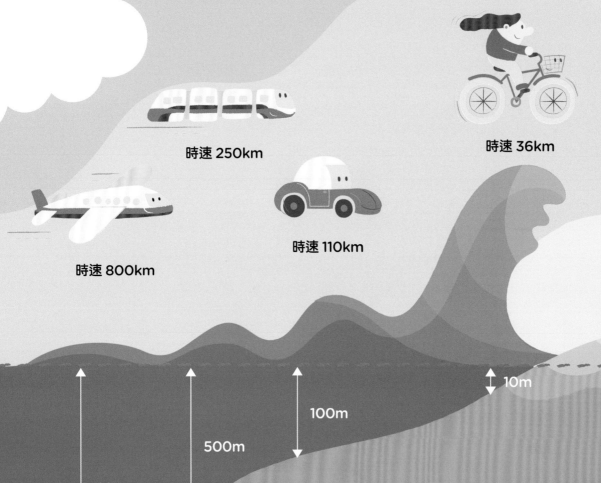

時速 250km

時速 36km

時速 110km

時速 800km

10m

100m

500m

水深
5000m

當海嘯水深5000公尺時，海嘯的速度可達每小時800公里。而當海嘯越接近岸邊，水深變淺，速度就變慢了。即使如此，時速仍然有30公里以上，比一般人跑步大約時速十幾公里還要快很多。

Q58 海嘯傳播的範圍有多遠？

A 海嘯經由海水傳遞，幾乎可以傳遍整片海洋。

海嘯波不僅傳得快，還傳得遠，1960年智利發生規模 **9.5** 的大地震，引發當地高 25 公尺的海嘯，海嘯甚至傳到太平洋的另一頭，在無預警的情況下造成夏威夷和日本超過 200 人喪生。

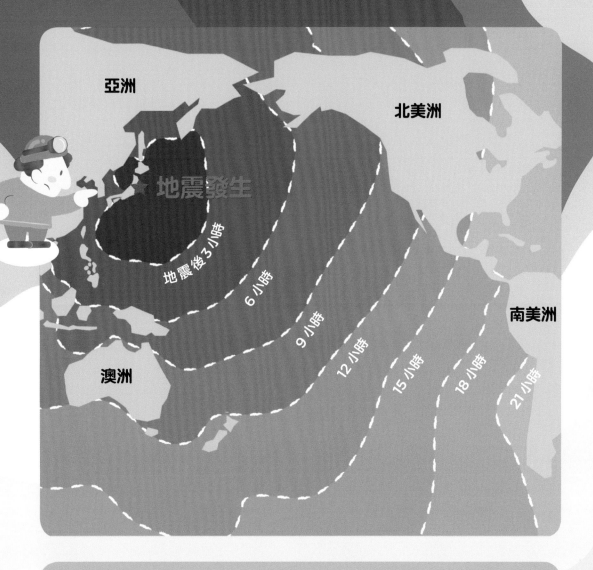

亞洲

北美洲

南美洲

澳洲

地震後3小時
6小時
9小時
12小時
15小時
18小時
21小時

這是 2011 年日本大地震時，海嘯傳播時間和範圍的關係圖。地震發生後，海嘯在 6～9 個小時內傳到北美洲，破壞了加州港口，並在不到一天就傳到了南美洲。

Q59 海嘯波浪多高會有危險？

A 海嘯波浪高達30公分就很容易把人沖倒，高達1公尺時就可能使人失去生命。

海嘯上岸時浪不一定會非常高，但因海嘯帶來的**海水量**和**能量**都比一般的波浪多且強，即使只有30公分高也會把人沖倒。當波浪越高，則會造成越嚴重的傷亡。

100%

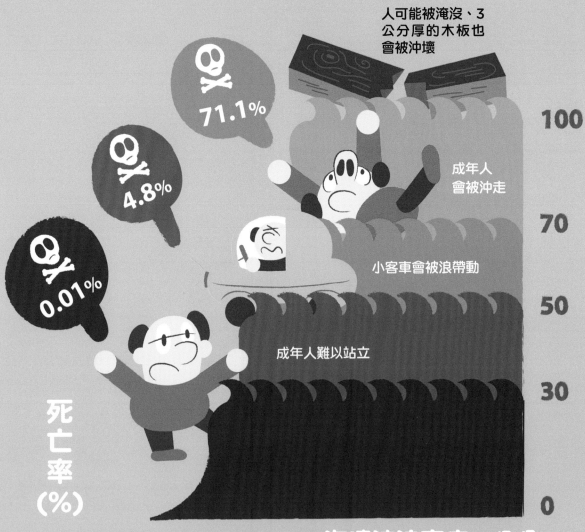

人可能被淹沒、3公分厚的木板也會被沖壞

71.1%

4.8%

0.01%

成年人會被沖走

小客車會被浪帶動

成年人難以站立

100

70

50

30

0

死亡率（％）

海嘯波浪高度（公分）

Q60 海嘯會帶來什麼災害呢？

A 巨大的海嘯會淹沒沿岸區域、摧毀岸邊的建築，造成嚴重的傷亡。

 海嘯來襲時會帶著強大能量衝撞沿岸地區，毀壞建築和地貌，並造成嚴重的水災。海水也會滲入農地使得**土壤鹽化**或**液化**而難以耕作，所以大地震若同時引發海嘯，造成的災情往往加倍嚴重。

 例如2011年的**日本東北大地震**，引發了數十公尺高的大海嘯，大海嘯在平坦的陸地上前進遠達7公里，所經之處的建築與基礎建設幾乎全毀，死亡與失蹤人數多達2萬2000人，整體的經濟損失更超過新臺幣6兆元。

遭到海嘯毀滅性破壞後的日本岩手縣陸前高田市。

嗚，我的農地被海水淹沒都變鹹了，無法耕種！

震災時　　　　　　　重建後

仙台機場在日本東北大地震的受災情形與重建後的現況。

Q61 哪些地方容易發生海嘯？

A 容易發生海底大地震的地帶，就容易發生海嘯。

 大多數海嘯由**海底大地震**引起，通常發生在**環太平洋地震帶**上。尤其如果在**海溝**附近發生很淺的地震，更容易引發大海嘯。

太平洋

海嘯的威力傳得很遠，所以雖然有些海嘯發生在海溝處（紅線標記），但整個太平洋沿岸都有可能受海嘯侵襲（藍線標記）。

Q62 萬一真的有海嘯來襲，到底該怎麼避難呢？

A 盡快遠離岸邊，並往高處逃難。

 海嘯警報發布後，要盡快離開海岸並往**高處**移動。如果時間太短來不及逃，可就近逃往小山丘或大型堅固的建築物。

為什麼我們要往高處跑呀？

因為海嘯要來了，往高處跑才不會被大浪捲走！

海嘯避難高臺，約12.5公尺高。

Q63 海嘯這麼恐怖，可以提前偵測嗎？

A 可以藉由監測地震、利用海嘯計與浮標偵測海嘯並發布警報。

 許多海嘯是由海溝附近的大地震引發，一旦發生這樣的地震，就必須加強警戒。地震波走得比海嘯波快很多，監測地震波可以幫助海嘯預警。

 科學家會設置**海嘯浮標**與**海底偵測計**來偵測是否有海嘯、並判斷海嘯波的離岸距離。這樣就能預先發布海嘯警報，提醒民眾避難。

4 衛星再用電波傳訊息給監控站。

3 浮標蒐集水面資訊，連同偵測計的資訊，用電波傳給衛星。

浮標

5 監控站分析資料，根據情況發布警報。

警報說再10分鐘海嘯就要來了，快跑啊！

2 把資訊用聲波傳給浮標。

固定浮標用的重錘

1 海底偵測計探測到水壓異常變化。

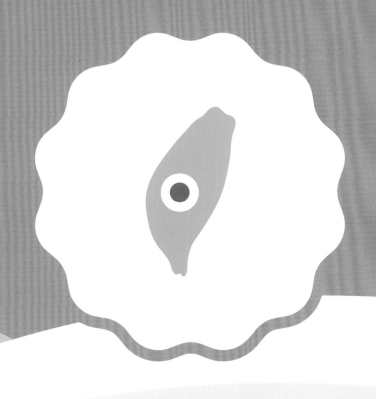

地震100問

臺灣地震有夠多

Q64 → Q76

每年平均會發生4萬次地震的臺灣，
是不折不扣的「多震之國」。
為什麼臺灣會有這麼多的地震？
如此頻繁的地震曾為我們帶來什麼樣的影響？
下一次的大地震究竟又會在哪裡出現呢？

Q64 為什麼臺灣常常會發生地震呢？

A 臺灣位於兩大板塊的交界處，因為板塊經常互相擠壓，所以才會常常發生地震。

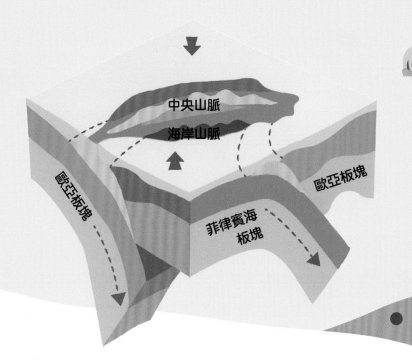

臺灣位處**歐亞板塊**和**菲律賓海板塊**的交界處，兩大板塊相互擠壓時，會將能量累積在岩層中，而當岩層破裂釋放能量就會造成地震。

 臺灣是個**多山的島國**，因為受到兩大板塊的擠壓而從海底隆起。島上綿延不絕的**高山**，以及頻繁的**地震**，皆是兩大板塊由古至今持續不斷、推擠活動的證據喔！

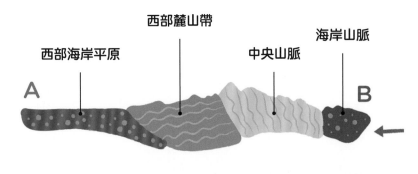

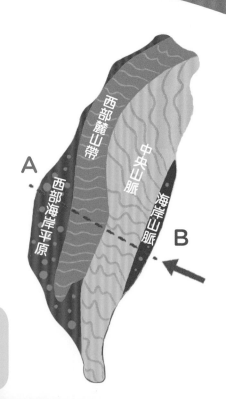

板塊的推擠，造成臺灣多樣的地形和頻繁地震。若從臺灣島的中段斜切，由A點至B點依序是地形平緩的西部海岸平原和西部麓山帶；地形高聳的中央山脈、縱谷斷層與海岸山脈。

Q65 為什麼臺灣人常形容地震是「地牛翻身」呢？

A 「地牛翻身」最早來自古老的原住民傳說，後來才在臺灣民間流行起來。

 臺灣的原住民有許多地震傳說，有的認為地震是巨人造成的；有的則認為是地下有牛、鹿、熊等大型動物搖動才引起地震。清帝國時期遷居臺灣的漢人受到影響，也曾在文獻中出現「地生牛毛、旋即震動」的記載。

日治時期之後，「**地牛翻身**」逐漸成為臺灣民間用來形容地震的普遍說法，歷史學家認為，這可能與傳統農業社會敬畏牛的習俗有關。

只要我一動，你就會地震喔！

救命呀！

地科小故事

日本的「鯰繪」傳說

地震頻繁的日本，也有很多關於地震的傳說。在江戶時代（1603年〜1868年），人們普遍相信地震是由住在江戶城（東京）地底下的大鯰魚所引起。後來民間還開始流行懸掛描繪大鯰魚引起地震過程的「鯰繪」來辟邪防災。人們也相信畫中的鯰魚會化為人形，從有錢人身上奪取金錢來救濟受地震所苦的平民。

我是具有神力的鯰魚！

Q66　臺灣一年會發生幾次地震呢？

A 臺灣每年大約平均發生 **4萬次**地震。

2010年以前，臺灣每年約偵測到**2萬次**的地震，隨著測報科技進步，現在一年約可偵測到**4萬次**地震，但大多數是人們感覺不到的**無感地震**；能感覺到晃動的**有感地震**則約**1000次**。

● ─ 地震總次數
　 ─ 個數平均
● ─ 有感次數

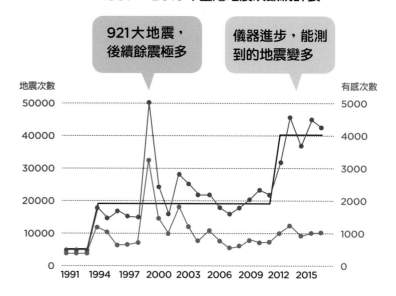

1991～2016年臺灣地震次數統計表

921大地震，後續餘震極多

儀器進步，能測到的地震變多

Q67　臺灣有感地震的規模通常有多大呢？

A 有感地震的規模通常在 **3~4** 間，但每年平均會發生 **3.9次**規模 **6~7** 的大地震。

2012～2018年有感地震統計表

年分個數	2012	2013	2014	2015	2016	2017	2018	年平均
規模7以上	0	0	0	0	0	0	0	──
規模6～7	3	7	2	5	6	1	3	3.9
規模5～6	25	23	28	28	28	21	33	26.6
規模4～5	105	116	94	134	149	77	216	127.0
規模3～4	350	397	300	298	412	268	514	362.7
規模2～3	284	145	187	84	81	92	235	158.3
規模1～2	2	2	2	2	2	6	6	3.1
規模0～1	0	0	0	0	0	0	0	0

Q68 臺灣的地震通常都發生在哪裡呢？

A 東、西部都會發生地震；東部地震較多，但西部地震帶來的災害較嚴重。

到底該住哪裡比較安全呢？

西部地震

 西部因板塊擠壓，讓地表出現許多斷層而有地震。

 地震個數雖比東部少，但因人口非常稠密、一旦發生淺層震源的大地震，災情通常很嚴重。

東部地震

東部因為地處板塊交界上，地震非常頻繁，規模6.0左右的地震也比西部更常發生。

1920年發生在花蓮外海的地震（規模8.0），是臺灣歷史紀錄中最大的地震，雖然震源不在本島，但還是造成273棟的房屋全毀。

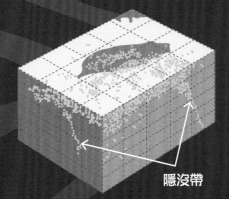

隱沒帶

臺灣震源較深的地震，多分布於**東北部**和**南方海域**，此處是菲律賓海板塊隱沒在歐亞板塊之下的區域，稱為「隱沒帶」，這裡的地震震源可深達300公里。

Q69 為什麼西部的地震比較少，災害卻往往比較嚴重呢？

A 西部地震的震源較淺，加上人口密集，容易造成嚴重災害。

 臺灣的西部地震帶位於歐亞板塊上，引發地震的主因是板塊碰撞前緣的**斷層作用**，**震源深度通常較淺**，僅十餘公里。

 在臺灣的**33條活動斷層**中，西部就占了**21條**，有些斷層的長度較長，就可能造成大地震。例如1999年規模7.3的921集集大地震，就是由長度近100公里的**車籠埔斷層**所引發。

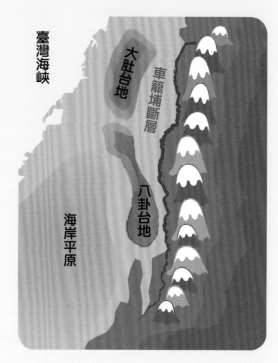

臺灣海峽　大肚台地　車籠埔斷層　八卦台地　海岸平原

地科小知識

車籠埔斷層保存園區

1999年發生921大地震後，許多專家在中部地區展開調查，發現南投縣竹山一帶不但完整保存了地震時的地表破裂原狀；槽溝剖面更呈現非常清楚的褶皺與斷層構造，顯示多次地震所造成的結果。其後這裡改建成國立自然科學博物館車籠埔斷層保存園區，成為世界難得一見的地質景觀。

哇，斷層好壯觀喔！

Q70 臺灣哪一個縣市的地震最多呢？

A 花蓮縣的地震最多，平均每月會發生 4.67 次有感地震。

 根據近 25 年的統計，臺灣有感地震最多的前三名縣市依序為**花蓮縣**（月平均 **4.67**次）、**宜蘭縣**（月平均 **2.04**次）和**臺東縣**（月平均 **1.54**次），這三個縣都位於臺灣**東半部**。

花蓮地震的震源通常較深，但亦會出現少數的淺源大地震，造成嚴重災害。圖為 2018 年 2 月花蓮地震（規模 6.2、深度 6.3 公里）時傾斜倒塌的大樓。

Q71 為什麼每次地震，臺北的震度常比其他地方大呢？

A 因為臺北是盆地地形，地層鬆軟，容易讓地震波有被「放大」的現象。

臺北在數十萬年前就形成了盆地，也曾因火山噴發擋住出海口而形成湖泊。雖然現在湖泊的水早已退去，但盆地內部仍有當時留下的鬆軟地層。所以當地震波傳來時，就容易出現較大震度，稱為「**盆地效應**」或「**場址效應**」。

救命呀！

地震波放大

A 大臺北的地底下有山腳斷層，未來也有可能因為斷層錯動而發生大地震。

 貫穿北部都會區的**山腳斷層**，位於**林口台地**和**臺北盆地**的交接處，一旦在這裡發生大地震，加上臺北盆地的**盆地效應**會讓震度加大，將造成非常嚴重的災害。

 根據科技部及地震學者的相關調查，未來50年山腳斷層發生**規模6.6**地震的機率約為**20%**。經過模擬推估，屆時大臺北地區可能會有4400棟的房子倒塌，人員傷亡也將高達4100人。

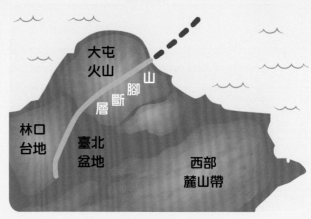

地科小知識

都市直下型地震

如果地震在都會區的地底下發生，稱為「都市直下型」地震，此時最大震度就會出現在人口和建築物都非常密集的市中心。例如1995年日本神戶市發生規模7.3的**阪神大地震**，震源非常靠近神戶市，就是典型的都市直下型地震，不但奪走了6432條人命，也讓超過32萬人失去家園。災情非常慘重。

Q73 過去臺灣曾經出現哪些嚴重的大地震呢？

A 過去百年中以 1999 年「921 大地震」、1935 年「新竹—臺中地震」災情最嚴重。

臺灣史上最嚴重的地震是 1935 年的**新竹—臺中地震**（規模 7.1），其次才是 1999 年的 **921 集集大地震**。這是因為早年臺灣建築多為俗稱「**土埆厝**」的泥磚造屋，發生地震時容易倒塌，災情才會更加慘重。

1935 年新竹—臺中地震
規模 7.1，3276 人罹難

1935 年新竹—臺中地震時街道房屋倒塌的慘況。

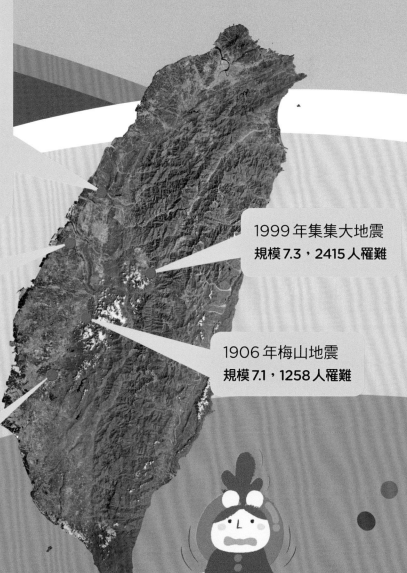

1999 年集集大地震
規模 7.3，2415 人罹難

1848 年彰化地震
規模 7.1，1030 人罹難

1906 年梅山地震
規模 7.1，1258 人罹難

1862 年臺南地震
規模 6.6，1700 人罹難

Q74 為什麼臺灣地震很多，
卻少有海嘯呢？

A 臺灣沿海地形較不易發生海嘯，但東北部
和西南沿海仍可能出現明顯的海嘯災害。

歐亞板塊

菲律賓海板塊

馬尼拉海溝

琉球海溝

> 嗚，我住的基隆曾在1867年發生大海嘯，好幾百人都死了！

 臺灣西部的臺灣海峽海水太淺，東部則因海底地形陡峭，海浪難堆高，所以不易形成海嘯。

 但**東北部**和**西南部沿海**（左圖紅圈標記處），距離海溝較近、海底地形又較平緩，如果海溝發生大地震，仍有機會發生海嘯，還是要加強警戒。

Q75 常聽大家說「百年會有一次大地震」，這是真的嗎？

A 「百年大震」只是一種粗略的說法，實際上地震重複的週期並沒有非常固定。

 越大的地震，越不常發生，所以才會有「**百年大震**」說法。在臺灣的西部地區，百年內大概只會發生1～2次規模大於7的地震，而同一條斷層上的兩次大地震，間隔經常會超過百年。

> 苗栗魚藤坪斷橋是經歷兩次「百年大震」的最佳見證！

Q76 聽說臺灣有些特別的地景跟地震有關，那是什麼呢？

A 中部知名觀光景點「水漾森林」和「大安溪大峽谷」，都是地震後才形成的。

地震常會造成山崩及土石崩塌，堵塞河谷而形成湖泊，稱為「**堰塞湖**」。例如位於嘉義縣阿里山山區的「**水漾森林**」就是在921大地震後才形成的堰塞湖。

水漾森林周邊有大量泡水枯死的杉木，倒映出蕭索的美感，才會有這麼夢幻的名字。

921大地震也使得中部**大安溪河谷**地層受到強力擠壓，加上颱風豪雨沖刷，湍急的水流更切割出壯闊的大峽谷景觀。

哇，好壯觀喔！

鬼斧神工的「大安溪大峽谷」除峽谷外，還有大岩壁、瀑布、沙洲、曲流等豐富地景。

地震測報怎麼做？

Q77 → Q86

地震總是來得又急又快又可怕，
不像預防大雨，還可以事先帶傘出門，
那麼，要如何預先作好準備呢？
科學家又是怎樣研究地震，
才能快速精確的判斷地震規模和震度，
以爭取更多的應變時間並降低災害呢？

Q77 地震要怎麼樣觀測？

A 科學家會利用地震儀的記錄設備，
記下地震造成的晃動。

 地震儀是用來觀測地震的儀器。它具有不會跟著地震晃動的零件，能在地震時拿來當參考基準，同時記錄晃動的程度。

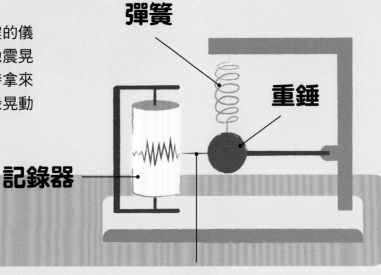

彈簧

重錘

記錄器

筆針

地科小知識

慣性定律

或許你有些疑惑，為什麼大地震時，地震儀的記錄器會晃動，重錘卻不會動呢？這其實是由於「慣性定律」的作用。慣性定律是指如果一個物體沒有受到外力影響，它就會維持原來的狀態。而地震儀的重錘很重，由彈簧連結時，地震搖晃方向的力影響不了重錘，因此由於慣性定律，重錘保持不動。

1 當地面開始搖晃，地震儀中的**重錘**以及相連的**筆針**會留在原地不動。

2 自動捲動的記錄器則會跟著地面晃動，此時筆針留在記錄器上的線條就會出現波折並記下震動。

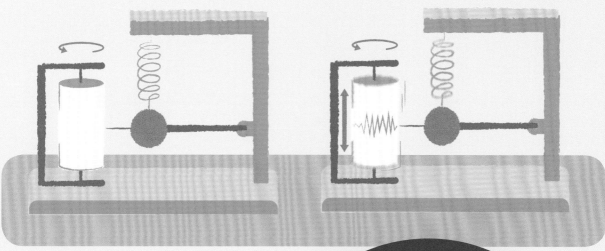

地科小故事

候風地動儀

歷史記載早在西元132年，東漢的張衡就發明了可偵測地震的「候風地動儀」。據說龍頭會對應遠方地震方位，將銅珠吐入蟾蜍的嘴巴。但目前地動儀只有按照古書復原的模型，難以了解內部結構，因此很難打造如記載那樣的偵測效果。

注意，西南方可能有地震！

Q78 地震儀通常都放在哪裡？

A 都市和郊區皆會設置地震儀；
越常發生地震的地方，地震儀則越密集。

 我們無法預測下個大地震會在哪裡，所以得盡可能**廣設地震儀**，並將它們**平均散布在各地**，以確保當地震發生時，能在最短時間偵測並準確找出地震的位置。

臺灣強地動觀測站分布圖

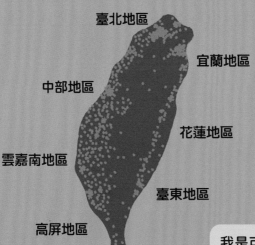

臺北地區
宜蘭地區
中部地區
花蓮地區
雲嘉南地區
臺東地區
高屏地區

目前全臺灣有超過600個**強地動觀測站**，裡面放置地震儀和其他儀器，隨時監測地震，其中以人口稠密的西部地區和地震頻繁的東部地區最為密集。

我是可以監測地震的強地動觀測站，不是垃圾桶喔！

 雖然地震儀很靈敏，但容易受人為干擾，為了蒐集到更多微小地震資料，科學家會在郊區擺放地震儀，或挖井設置「**井下地震站**」。

井下
地震站

有些井下地震站深度可達300多公尺，超過很多大樓的高度呢！

Q79 要怎麼找出地震發生地點？

A 利用不同地點的地震儀，偵測到的地震波時間差，就可推算出地震發生位置。

地震發生時，離震源越近的地震儀，能越快偵測到地震；離震源越遠的地震儀，則會越晚偵測到地震。

有地震！

我晚你十秒才感覺到。

震源

原來震源在這裡！

震源

利用地震儀偵測到地震的**時間差**，加上過去研究推論的**地震波速**，可以算出震源和每個測站的**距離**。只要多蒐集幾個測站的震源距離資料，就能推測出**震源位置**！

地震波先到達 A 測站，然後是 B，最後是 C。把每個測站當圓心、測站和震源個別推估的距離當半徑畫圓，震源就落在三圓交界處。

Q80 氣象局會怎麼發布地震消息給大家呢？

A 會先發布強震即時警報，再提出地震報告。

氣象局會先利用手機簡訊、電子郵件等發布**強震即時警報**，讓大家可快速因應地震。再就觀測數據盡快發布**地震報告**，民眾就能確實評估狀況，避免恐慌。

測到有感地震 ➞

10秒內發布 強震即時警報	5～10分鐘內 公告各地震度	後續發布 有感地震報告

大眾緊急因應、 設備自動控制	評估災害和 應變措施	了解詳細訊息、 救災動員

Q81 什麼樣的地震會特別發布強震即時警報呢？

A 通常預估震度較大的地震，才會發布強震即時警報。

通常**規模達5.0、震度大於4級**的地震，才會發布**強震即時警報**。這是因為臺灣地震頻繁，如果發生有感地震就發布警報，反而會對何時需要啟動防災應變措施的判斷造成干擾。

但在人口密集且易受到**盆地效應**影響而讓震度加劇的**臺北市**，只要預估震度可能達3級就會發布警報，好讓民眾能即時避難。

Q82 為什麼我們能提前收到地震警報呢？

A 因為地震波的 P 波速度比 S 波快得多，可以利用極短的時間差來發布警報。

地震波中 **P 波**跑得較快、威力較弱；**S 波**跑得較慢但破壞力強，所以地震測報單位可以運用數種不同的科技來分析 P 波，快速知道地震的強度和影響範圍，並發布**強震即時警報**提醒 S 波還沒到達的地區。

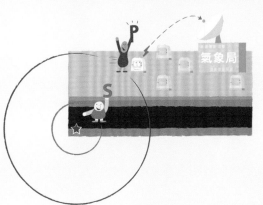

1 觀測站收到 P 波資料並送到氣象局分析。

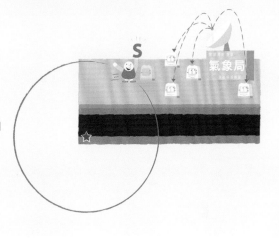

2 氣象局再趕在 S 波尚未到達前發布警報。

地科小知識

預警盲區

隨著科技進步，近年來強震即時警報的發布速度越來越快，但是鄰近震源的區域，仍常因 S 波比警報更快到達而成為「預警盲區」。例如 2016 年 2 月的美濃大地震（規模 6.6），雖然系統地震後 12 秒內就算出相關資訊並發布警報，讓遠處的臺北有 49 秒可以因應，但鄰近區域仍來不及接到預警而受災慘重。

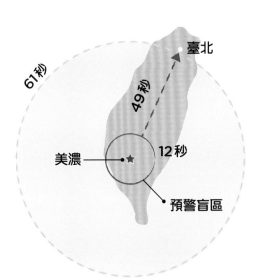

- - - - - 地震抵達臺北時間
◄ - - - 地震可預警區域

A 現地型地震預警可利用單一測站的資料，加速分析時間並大幅縮小預警盲區。

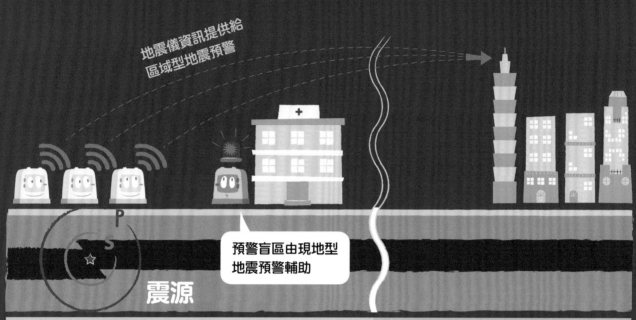

地震檢變訊提供給
區域型地震預警

預警盲區由現地型
地震預警輔助

震源

需要現地型地震預警的區域　　　　　適合區域型地震預警的區域

地震預警系統分成利用多個測站整合成監測網的「**區域型地震預警**」，以及僅運用單一測站資料分析Ｐ波的「**現地型地震預警**」，兩者相互搭可以得到最佳防護。

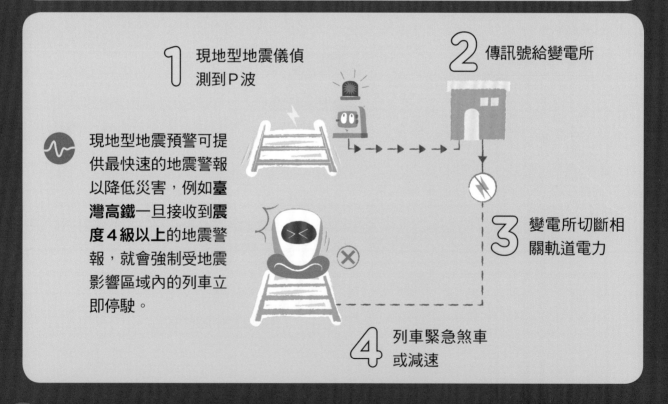

1 現地型地震儀偵測到Ｐ波

2 傳訊號給變電所

現地型地震預警可提供最快速的地震警報以降低災害，例如**臺灣高鐵一旦接收到震度４級以上的地震警報，就會強制受地震影響區域內的列車立即停駛**。

3 變電所切斷相關軌道電力

4 列車緊急煞車或減速

Q84 聽説日本的地震預警系統很厲害，跟臺灣有何不同呢？

A 日本會針對單次地震會發出多次預報和警報，但臺灣通常只會發一次警報。

日本有很多可能發生大地震的地方，所以將**緊急地震速報**分成**預報**和**警報**，預估達**震度3級**就會發布**預報**，**警報**則是達**震度5弱以上**發布。

當預估震度較大，就需要更準確的資料，因此日本的地震警報會較地震預報晚發布。若有錯或需修正，則會陸續更新通知。由於臺灣只發布一次，會在有穩定地震資訊後才發布警報，以免誤報。

我錯把雷擊當成地震訊號了。請更新通知吧！

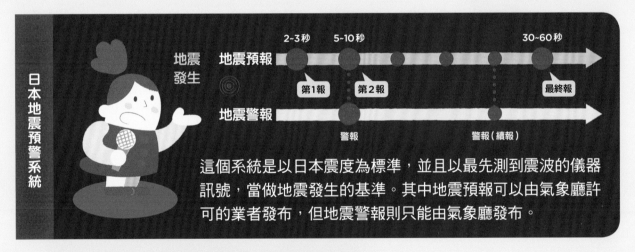

日本地震預警系統

地震發生

	2-3秒	5-10秒				30-60秒
地震預報						
	第1報	第2報				最終報
地震警報						
	警報			警報（續報）		

這個系統是以日本震度為標準，並且以最先測到震波的儀器訊號，當做地震發生的基準。其中地震預報可以由氣象廳許可的業者發布，但地震警報則只能由氣象廳發布。

地震速報

中央氣象局發布
2/16 19:26左右
東北地區發生有感地震，
預估震度3級以上地區：
宜蘭、臺北、新北。

日本的地震速報系統，會在電視畫面插入蓋臺的地震快訊，臺灣也有這項服務，並已有多家電視臺配合。

Q85 我們有辦法提前預測地震發生嗎？

 很可惜，目前的科技還沒辦法精準的預測地震。

雖然科學家已大致知道地震成因，但因為無法任意翻開地底觀察，也尚未發現地震前有任何必然前兆，加上地震實際狀況會依環境而不同，目前還沒有方法能像天氣預報一樣預測地震。

臺灣**衛星福衛五號**曾在大地震前測到地表**電離層**濃度改變，有機會當成預測地震前兆。但是電離層變化區域範圍太大，仍無法確定地震即將發生地點。

 不過，有些**斷層**或**常有地震的地區**，有機會藉由調查和計算，評估未來數十年地震發生機率，還有各地受地震影響的機會多大，這些資料可以幫助我們建造房屋時，盡量遠離可能發生大地震的地方。

這是臺灣各地未來發生震度五級以上地震的機率圖，越偏紅色，機率越高。

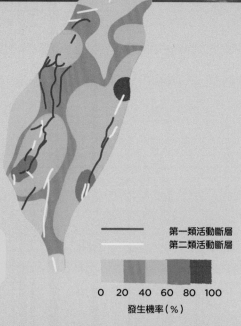

第一類活動斷層
第二類活動斷層

0 20 40 60 80 100
發生機率（%）

Q86 動物行為可以預測地震嗎？

A 雖然曾記錄到地震前的動物異常行為，但這沒有完整科學證據。

由於動物的感官特性和人類不同，或許會感受到地震前期環境微小的變化，所以有時會在地震前出現異常行為，像是**集體遷移**或**大量死亡**等現象。

但這些都沒有完整科學根據，而且也不是每次都會發生，所以無法斷定動物異常行為與地震即將發生有因果關係。

雖然在西元前四世紀，希臘就有地震前蛇鼠等動物搬家的紀錄，但仍然沒有科學實證。

地科小知識

自行發布 地震預測消息 可能觸法！

常有人會在社群網站發布地震預測消息，經常會亂用資訊，還說得煞有其事，容易造成大眾恐慌。氣象預報與地震觀測具有專業性，任意預測並散布相關訊息是會觸犯法規的喔！

違法發布「地震預測」4要件
- 發布者非中央氣象局
- 使用地球科學相關之觀測資料
- 對大眾公開發布
- 發布內容非屬學術討論用途

地震100問

地震來了怎麼辦？

Q87 → Q100

身處地震頻繁的臺灣，關於地震的防災避難應變事宜，
是所有人都應謹記於心的生存法則。
究竟當無預警的大地震來臨時，
我們該怎麼採行最正確的避難或疏散方式，
保護自己與家人的生命安全呢？

Q87 如果我感覺到好像有地震發生了，應該怎麼辦呢？

 一旦感覺到可能有地震，不必多想，立即保護頭部、蹲低躲避。

 地震剛開始時，通常沒有明顯搖晃，甚至讓人懷疑「真的有地震嗎？」但數秒後可能就會有引發劇烈震動的地震波隨之報到。

 為了爭取多一點應變時間，只要感覺到地面晃動、懷疑有地震，就應立即躲避來防範受傷。地震來得快也去得快，就算是大地震，通常2分鐘內就會結束。

地震來了！

有嗎？想太多！

還好我躲得快！

好痛！我受傷了！

Q88 地震發生時，我該怎麼保護自己呢？

應謹記「趴下、掩護、穩住」的避難原則，並以手或隨身物品保護頭部。

1 趴下

儘量把身體壓低，躲進堅固的桌子底下。

2 掩護

以雙手或隨身物品保護頭部和頸部，避免因掉落物受傷。

3 穩住

緊握桌腳穩住身體，保護好頭部，但不要將頭部頂住桌子。

Q89 聽說躲在「生命三角」的位置最安全，這是真的嗎？

A 「生命三角」的避難方式並不安全，最好不要採行。

 過去曾流傳：地震時躲到堅硬物品旁，就能出現一個由堅硬物和坍塌物組成的三角形保護空間，此即所謂的「**生命三角**」。但實際上更多傷害是被正上方的掉落物砸到或壓到頭頸部所造成，因此多數國際組織還是以**趴下**、**掩護**、**穩住**和**保護頭部**為優先的防災建議。

Q90 地震時如果我人在家中，該怎麼避難較安全呢？

A 保護頭部、蹲低身體，快速移動到可躲開高處散落物的避難位置。

餐廳、客廳
盡可能躲在桌下並抓穩桌腳以避開掉落物。

廚房
立即關掉爐火，遠離櫥櫃、大型家電等危險物品。

臥室
利用棉被或枕頭保護頭部，避免受傷。

浴室
易碎物品較多，可用臉盆保護頭部，儘快離開。

Q91 地震時如果我在住家以外的地方，該怎麼避難較安全呢？

A 不同情境的避難作法不太一樣，但「趴下、掩護、穩住」仍是最重要的共通原則。

學校

教室	校園	自然教室

儘快躲到桌下，抓穩桌腳，避免被掉落的燈具、玻璃砸傷。	聚集在遠離建築物且地上沒有裂縫的空曠處，抱住頭部並保護身體。	切記遠離火源和化學藥品，躲在桌下或牆角避難。

乘坐交通工具

公車	捷運	高鐵

強震時，司機很可能會緊急剎車，一定要抓緊扶手、座椅，並以隨身物品保護頭部。	緊握扶手或吊環，儘量蹲低並保護頭部，避免與其他乘客衝撞。	儘量放低身體並抓緊前座，以降低衝撞風險。

其他公共場所

電梯	商辦大樓	百貨公司、大賣場

按下所有按鈕，並在任一停下的樓層走出電梯。受困時可按緊急鈴求救。	越高的樓層搖得越厲害，可先就地避難，地震停歇後再疏散。	遠離貨架並蹲低身體，可就近使用購物籃保護頭部和身體。

其他公共場所

電影院、體育館	夜市、美食街	古蹟、寺廟

原地蹲低並保護頭部，遵守疏散指示，切勿驚慌擠向出口。	熱食攤位多，應儘快遠離，往開闊區域避難。	舊建築通常較不耐震，可用隨身物品保護頭部，儘快離開。

 Q92 地震時如果我人在郊區，該怎麼避難較安全呢？

A 地震時的山區和海邊都非常危險，應儘快遠離。

山區

劇烈地震可能造成山坡滑動、土石崩落或步道崩塌，應儘快離開。

海邊

有些地震甚至會引起海嘯，應儘快遠離岸邊，往高處避難。

Q93　大地震停歇後我該怎麼辦呢？

A 應先確保出口暢通及自己所處環境的安全。

 大地震後，首要之務是確認自己和家人的安全，可在搖晃稍微平息時打開門窗，確保**出口暢通**，並關掉尚未熄滅的火源或使用中的電器用品等。

周遭環境的大型家具、家電、玻璃門窗等，可能均受劇烈搖晃而變得很不穩固，進行相關檢查時務必穿上鞋子並保護頭部。

Q94　大地震過後，我到底該待在屋裡還是疏散到戶外呢？

A 請以公部門傳達的訊息為準，若屋內有明顯裂縫，則要暫時疏散到戶外。

大地震後，常有許多會引起恐慌的假消息流傳，請以**政府發布的訊息**來決定疏散行動。但若房屋的柱子或外牆出現**大於0.2公分**的明顯裂縫，最好儘快疏散至戶外以避免更大災害。

地震後學校常會要求師生疏散至操場避難，以集中確認所有學生和教室的安全，此時請遵循校方的疏散指示。

Q95 為什麼地震後有時會建議大家「就地避難」呢？

A 因為地震後的戶外場域並不安全，任意移動常會造成二度災害。

 大地震後許多地方充滿著未知的危險，居家環境若已確認安全無虞，最好的方式就是待在家裡並利用日常儲備物品避難。

地震後如果人在學校或其他公共場所，也不需要急著回家，若確定現場環境是安全的，可以先向家人報平安後**就地避難**，待災情穩定後再返家。

Q96 什麼是「緊急避難包」呢？

A 「緊急避難包」是平常就應備妥的重要背包，裡面裝著避難時最需要的物品。

 根據內政部消防署的建議，**緊急避難包**最好有以下物品，但仍可依個人或家庭需求調整。你也可以想一想還有哪些是避難時可以帶的喔！

- ☑ 雨衣（防水也防風）
- ☑ 飲用水、三日乾糧（維生必須）
- ☑ 暖暖包和毛毯等（冬天必備）
- ☑ 急救藥品（受傷生病緊急處理）
- ☑ 收音機（接收最新訊息）
- ☑ 手套（避免受傷）
- ☑ 哨子（方便求救）
- ☑ 手電筒和乾電池（停電必備）
- ☑ 備用手機與電池
- ☑ 口罩、塑膠袋
- ☑ 安全帽、現金證件

 **Q97 如果需要疏散到其他地方避難，應注意哪些事項？**

 A 撤離前要關閉火源和電源，並留心避開周圍環境的危險物品。

 大地震後，有些民眾的住家或因**建築結構毀損**、或因位處**餘震頻繁**的環境、或因將有**海嘯侵襲**的風險，必須疏散到其他地方避難。

避難前

1 關閉電源、火源和瓦斯

大地震後很容易引發**火災**，離開家前務必要一一確認這些可能的風險，以免釀成火災。

2 留下連絡訊息

我在×××，
很安全
可以打電話聯絡我
02-×××××××

地震後可能會因停電或通訊設備受損而不易連絡，可在家中留下報平安和避難處的連絡訊息。

前往避難處

1 注意自我防護

身著保暖衣物及防護裝備，並攜帶事先準備好的**緊急避難包**。

2 步行前往最佳

地震後道路可能遭到破壞，不宜坐車，最好**步行前往避難處**，並注意避開環境中的危險物品。

Q98 人們通常會到什麼地方避難呢？

A 通常會疏散到政府規劃的緊急避難收容處所避難。

許多地震頻繁的國家，像是臺灣或日本，通常會將空曠的公園、學校或大型體育館，規劃為緊急災難時的「**避難收容處所**」，好讓民眾在天然災害發生時能有安全的安置空間。

萬一有需要得疏散到避難所生活，請記得要遵守秩序，並與其他災民互助合作，一起共渡難關。

避難收容所
1100m
← 震 親子國小

2016 年日本九州熊本地區發生規模 7.3 的大地震，許多災民被疏散到體育館避難。

Q99 地震後如果不小心受困該怎麼辦呢？

A 保持冷靜，不放棄救生意志；想辦法製造聲音向外界求援。

1 如果有受傷，請先想辦法包紮止血。

2 如果自己或家人身邊有手機，請發送訊息向外界求援。

3 請吹哨或敲擊硬物製造聲響，讓外界知道有人受困。

4 嘗試尋找水源並控制飲量，保持冷靜等待救援。

平常我可以做哪些準備來因應突如其來的地震危機呢？

A 參與防災演習、準備充足的防災物資，並做好居家空間的安全確認。

防災物資準備

平常可依不同家庭的需求，準備能在家生活4-5天的防災物資。
資料來源：日本NHK電視臺

居家防震準備

將物品集中收納至櫥櫃，以免地震來臨時四處散落。

擺放家具時請注意不要阻擋避難路線。

以螺絲、鏈條、支柱與L型五金零件固定家具及燈具。

緊急避難準備

防災演習請注意！

預先召開家庭會議，讓所有家人都能熟悉災害來臨時的應變與求救方式。

認真參與各式各樣的防災演習。

如果我們平時做好準備、多吸收防災知識，大地震來臨時就不會驚慌失措喔！

可與家人一起預先熟悉疏散路線和避難地點。

本書與十二年國民基本教育課綱學習內容對應表

地震是對臺灣影響最深遠的天然災害，其背後成因與地球科學息息相關，並具備眾多跨領域知識的整合，亦是十二年國教課綱所強調的十九項議題教育——「環境教育」與「防災教育」的重要環節。期待孩子能將本書內容應用於生活中，並與學校課程相互配搭，必可得到收穫滿滿的探究樂趣。

自然領域課綱對應
國民小學教育階段中年級（3～4年級）

課綱主題	跨科概念	能力指標編碼及主要內容	本書對應內容
自然界的組成與特性	系統與尺度（INc）	INc-Ⅱ-1　使用工具或自訂參考標準可量度與比較	地震規模：P49 地震震度：P50～52
		INc-Ⅱ-2　生活中常見的測量單位與度量	火山警戒分級：P41 震央與震源：P47 地震規模：P49 地震震度：P50～52 地震儀：P84～86 地震測報：P87、88
		INc-Ⅱ-9　地表具有岩石、砂、土壤等不同環境，各有特徵，可以分辨	岩石圈：P24 火成岩：P37
自然界的現象、規律與作用	改變與穩定（INd）	INd-Ⅱ-1　當受外在因素作用時，物質或自然現象可能會改變。改變有些較快、有些較慢；有些可以回復，有些則不能	大陸漂移：P23、27 板塊運動：P24、25、26、29 造山運動：P29 斷層活動：P54～57 地震地景：P81
		INd-Ⅱ-2　物質或自然現象的改變情形，可以運用測量的工具和方法得知	測量溫度：P22、23 測量風向：P34 測量雨量：P83
	交互作用（INe）	INe-Ⅱ-1　自然界的物體、生物、環境間常會相互影響	臺灣西部地震危害大：P76、79 臺北盆地震度大：P77 都市直下地震危害大：P78
自然界的永續發展	科學與生活（INf）	INf-Ⅱ-6　地震會造成嚴重的災害，平時的準備與防震能降低損害	火山成因：P32、33 火山災害：P38、39 火山預警：P41 地震成因：P44、45 地震災害：P58～60 海嘯成因：P62、63 海嘯災害：P67 海嘯避難：P68 海嘯警報：P69 地震警報：P88～91 地震避難：P95～103 防震準備：P101、104、105

國民小學教育階段高年級（5~6年級）

課綱主題	跨科概念	能力指標編碼及主要內容	本書對應內容
自然界的組成與特性	系統與尺度（INc）	INc-Ⅲ-1　生活及探究中常用的測量工具和方法	地震規模：P49 地震震度：P50～52 地震儀：P84～86 地震測報：P87、88
		INc-Ⅲ-2　自然界或生活中有趣的最大或最小的事物（量），事物大小宜用適當的單位來表示	火山警戒分級：P41 震央與震源：P47 地震規模：P49 地震震度：P50～52 世界前五大地震：P53
		INc-Ⅲ-10　地球是由空氣、陸地、海洋及生存於其中的生物所組成的	海洋形成：P20 陸地形成：P21
		INc-Ⅲ-11　岩石由礦物組成，岩石和礦物有不同特徵，各有不同用途	海水變鹹：P21 岩石圈：P24 火成岩：P37
		INc-Ⅲ-15　除了地球外，還有其他行星環繞著太陽運行	太陽系形成：P12、13 星球是圓球體：P15

主題	次主題	能力指標編碼及主要內容	本書對應內容
自然界的現象、規律及作用	改變與穩定（INd）	INd-Ⅲ-1　自然界中存在著各種的穩定狀態；當有新的外加因素時，可能造成改變，再達到新的穩定狀態	火山爆發：P34～36 熱對流與板塊運動：P25、26 地震引發海嘯：P62
		INd-Ⅲ-3　地球上的物體（含生物和非生物）均會受地球引力的作用，地球對物體的引力就是物體的重量	萬有引力：P14
		INd-Ⅲ-8　土壤是由岩石風化成的碎屑及生物遺骸所組成。化石是地層中古代生物的遺骸	岩石圈：P24
	交互作用（INe）	INe-Ⅲ-1　自然界的物體、生物與環境間的交互作用，常具有規則性	地磁反轉：P19 百年大震：P80
		INe-Ⅱ-7　磁鐵具有兩極，同極相斥，異極相吸；磁鐵會吸引含鐵的物體。磁力強弱可由吸起含鐵物質數量多寡得知	磁鐵性質：P18
		INe-Ⅲ-9　地球有磁場，會使指北針指向固定方向	地球磁場：P18
自然界的永續發展	科學與生活（INf）	INf-Ⅲ-5　臺灣的主要天然災害之認識及防災避難	地震成因：P44、45 地震災害：P58～60 臺灣地震特性：P71～73、75～78、80、81 臺灣地震統計：P74 臺灣重大地震：P79 地震警報：P88～91 地震避難：P95～103 防震準備：P101、104、105

國民中學教育階段（7～9年級）

主題	次主題	能力指標編碼及主要內容	本書對應內容
能量的形態與流動（B）	溫度與熱量（Bb）	Bb-Ⅳ-3　由於物體溫度的不同所造成的能量傳遞稱為熱；熱具有從高溫處傳到低溫處的趨勢	熱對流：P25 熱點：P33
		Bb-Ⅳ-4　熱的傳播方式包含傳導、對流與輻射	熱對流：P25
		Bb-Ⅳ-5　熱會改變物質形態，例如：狀態產生變化、體積發生脹縮	熱對流與板塊運動：P25 岩漿形成：P32 火山成因：P32、33 熱點與火山：P33 火山爆發：P34、35
物質系統（E）	宇宙與天體（Ed）	Ed-Ⅳ-1　星系是組成宇宙的基本單位	太陽系形成：P12、13 星球是圓球體：P15
地球環境（F）	組成地球的物質（Fa）	Fa-Ⅳ-1　地球具有大氣圈、水圈和岩石圈	地球構造：P16 岩石圈：P24
	地球與太空（Fb）	Fa-Ⅳ-2　三大類岩石有不同的特徵和成因	火成岩：P37
		Fb-Ⅳ-1　太陽系由太陽和行星組成，行星均繞太陽公轉	太陽系形成：P12、13
地球的歷史（H）	地層與化石（Hb）	Hb-Ⅳ-1　研究岩層岩性與化石可幫助了解地球的歷史	地球歷史：P13
變動的地球（I）	地表與地殼的變動（Ia）	Ia-Ⅳ-1　外營力及內營力的作用會改變地貌	大陸漂移：P23、27 板塊運動：P24、25、26、29 造山運動：P29 斷層活動：P54～57 地震地景：P81
		Ia-Ⅳ-2　岩石圈可分為數個板塊	七大板塊：P24
		Ia-Ⅳ-3　板塊之間會相互分離或聚合，產生地震、火山和造山運動	板塊運動類型：P26 臺灣與板塊運動：P28、29、72、75
		Ia-Ⅳ-4　全球地震、火山分布在特定的地帶，且兩者相當吻合	環太平洋火山帶：P33 全球地震帶：P46 環太平洋地震帶：P46
	海水的運動（Ic）	Ib-Ⅳ-1　海水運動包含波浪、海流和潮汐，各有不同的運動方式	海浪與海嘯：P61
自然界的現象與交互作用（K）	萬有引力（Kb）	Kb-Ⅳ-1　物體在地球或月球等星體上因為星體的引力作用而具有重量；物體之質量與其重量是不同的物理量	萬有引力：P14
科學、科技、社會與人文（M）	天然災害與防治（Md）	Md-Ⅳ-4　臺灣位處於板塊交界，因此地震頻仍，常造成災害	臺灣與板塊運動：P28、72、75

議題教育課綱對應

國民小學階段

議題	學習主題	議題實質內涵	本書對應內容
環境教育	災害防救	環E11　認識臺灣曾經發生的重大災害	臺灣地震特性：P71～73、75～78、80、81 臺灣地震統計：P74 臺灣重大地震：P79
		環E12　養成對災害的警覺心及敏感度，對災害有基本的了解，並能避免災害的發生	火山成因：P32、33 火山災害：P38、39 火山預警：P41 地震成因：P44、45 地震災害：P58～60 海嘯成因：P62、63 海嘯災害：P67 海嘯避難：P68 海嘯警報：P69 地震警報：P88～91 地震避難：P95～103 防震準備：P101、104、105

國民中學階段

議題	學習主題	議題實質內涵	本書對應內容
環境教育	災害防救	環J10　了解天然災害對人類生活、生命、社會發展與經濟產業的衝擊	火山災害：P38、39 地震災害：P58～60 海嘯災害：P67
		環J11　了解天然災害的人為影響因子	人造地震：P45
		環J12　認識不同類型災害可能伴隨的危險，學習適當預防與避難行為	火山預警：P41 地震測報：P87、88 海嘯避難：P68 海嘯警報：P69 地震警報：P88～91 地震避難：P95～103 防震準備：P101、104、105
		環J13　參與防災疏散演練	防災演練：P105

索引 （依筆劃、字數、注音順序排列）

參考資料

書籍

《地震與文明的糾纏：從神話到科學，以及防震工程》（天下文化）

《普通地質學（上）（下）》（臺大出版中心）

《地震と火山─地球‧大地変動のしくみ》（学研パブリッシング）

《東京防災（手冊）》（東京都総務局総合防災部防災管理課）

網站

大屯火山觀測站　https://tvo.earth.sinica.edu.tw/

內政部消防署　https://www.nfa.gov.tw/

交通部中央氣象局　https://www.cwb.gov.tw/

地球故事書　https://panearth.blogspot.com/

國立自然科學博物館──921地震教育園區　https://www.nmns.edu.tw/park_921/news/

國家地震工程研究中心　https://www.ncree.org/

國家災害防救科技中心　https://www.ncdr.nat.gov.tw/

經濟部中央地質調查所　https://www.moeacgs.gov.tw/

臺灣油礦陳列館　http://chk.cpc.com.tw/

震識：那些你想知道的震事　https://quakeledge.blogspot.com/

NHK防災資訊網站　https://www.nhk.or.jp/sonae/special/bousai_no_chie/

日本氣象廳　https://www.jma.go.jp/jma/

地震學研究機構聯合會　https://www.iris.edu/hq/

美國地質調查局　https://www.usgs.gov/

美國國家海洋暨大氣總署　https://www.noaa.gov/

作繪者簡介

馬國鳳　總監修

美國加州理工學院博士，現任臺灣地震科學中心首席科學家、中央研究院地球科學研究所特聘研究員、中央大學地球科學系教授暨地震災害鏈風險評估及管理研究中心主任。曾榮獲臺灣傑出女科學家獎、教育部學術獎並獲選為國家講座教授、美國地球物理學會會士。組織臺灣地震模型團隊，將科學研究實用化，使學術成果普及大眾，降低地震災害損失。在此推廣的同時，深覺一般大眾對於相關地震資訊的理解，仍有一段距離。因此與科普作家潘昌志合作，共同建立「震識」部落格與網路平臺。希望透過科普的語言，協助大眾理解地震危害的潛勢資訊，以提供有效的風險管理。

潘昌志　作者

國立臺灣大學海洋研究所碩士，上班族兼科普作家，在網路與平面媒體專欄撰寫科普文章超過百餘篇。喜歡自然科學、想當地球科學家是小時候的夢想，長大後又發現了說故事的興趣，合起來就是以地球科學為主的科普寫作，希望用知識傳播多給社會正向力量。在氣象局服研發替代役時吸取了滿滿的地震科學實務，之後便與馬國鳳教授合作「震識：那些你想知道的震事」部落格，為大家帶來深入淺出的地震知識，也用故事串起科學和社會的連結。

陳彥伶　繪者

畢業於美國紐約普瑞特藝術學院，取得視覺傳達設計碩士。喜歡老鼠、喜歡書、更喜歡假日悠閒的午後。繪製這本地震百科時，還做了一個大地震的惡夢，所幸夢中的我成功逃生了。只能說，地震真的好可怕呀！作品曾獲得國語日報兒童文學牧笛獎、入圍信誼幼兒文學獎。系列前作《天氣100問》榮獲金鼎獎優良出版品推薦、入圍臺北國際書展大獎與波隆那書展臺灣館選書。Facebook：老鼠愛說話（mouse.chit.chat）

（○○少年知識家）

地震100問

最強圖解×超酷實驗
破解一百個不可思議的地科祕密

總監修	馬國鳳
作者	潘昌志
繪者	陳彥伶
責任編輯	林欣靜、戴淳雅
美術設計	TODAY STUDIO
行銷企劃	陳雅婷、劉盈萱、張意婷
天下雜誌群創辦人	殷允芃
董事長兼執行長	何琦瑜
媒體暨產品事業群	
總經理	游玉雪
副總經理	林彥傑
總編輯	林欣靜
行銷總監	林育菁
主編	楊琇珊
版權主任	何晨瑋、黃微真
出版者	親子天下股份有限公司
地址	台北市104建國北路一段96號4樓
電話	（02）2509-2800　傳真　（02）2509-2462
網址	www.parenting.com.tw
讀者服務專線	（02）2662-0332　週一～週五：09：00～17：30
讀者服務傳真	（02）2662-6048
客服信箱	parenting@cw.com.tw
法律顧問	台英國際商務法律事務所 · 羅明通律師
製版印刷	中原造像股份有限公司
總經銷	大和圖書有限公司　電話　（02）8990-2588
出版日期	2020年5月　第一版第一次印行
	2024年4月　第一版第十二次印行
定價	500元
書號	BKKKC146P
ISBN	978-957-503-572-3（精裝）

國家圖書館出版品預行編目資料

地震100問：最強圖解×超酷實驗 破解一百個不可思議的地科祕密/馬國鳳總監修；潘昌志文；陳彥伶圖. -- 第一版. -- 臺北市：親子天下，2020.05　面；　公分 --（少年知識家）

ISBN 978-957-503-572-3（精裝）

1.地球科學 2.問題集

350.22　　　　　　　　　109003280

本書圖照來源如下：
Shutterstocks：P12、P13（新恆星觀測）、P15、P27、P29、P32、P35、P36、P37、P38（右）、P39、P40、P49、P56、P58（東京大地震）、P59（印尼）、P62、P63、P67、P68、P75與P79（去背臺灣）、P80、P81、P103
Wikipedia：P13（片麻岩）、P17、P21、P45、P57、P58（臺中大里與臺北）、P59（日本）、P76、P77、P78、P79（左）、P92
Getty Images：P61

訂購服務

親子天下Shopping	shopping.parenting.com.tw
海外 · 大量訂購	parenting@cw.com.tw
書香花園	台北市建國北路二段6巷11號　電話　（02）2506-1635
劃撥帳號	50331356 親子天下股份有限公司

立即購買＞